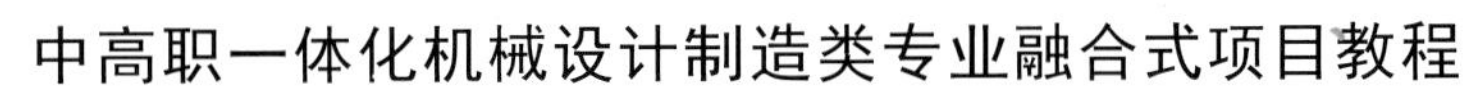

中高职一体化机械设计制造类专业融合式项目教程

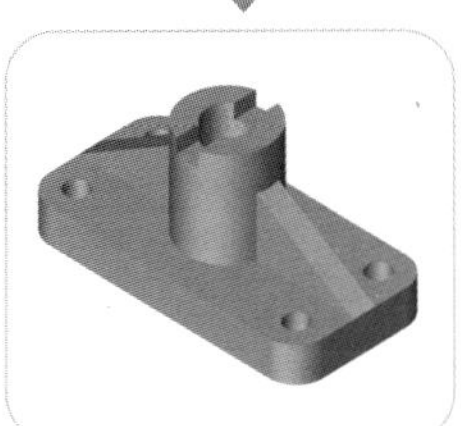

# 简单产品普通加工（下册）

B教程

禹 诚 王 雷 杜云福 主编

熊靖康 李 杰 孙 啸 王宇轩 钟 波 陶兴泉 参编

華中科技大學出版社
http://press.hust.edu.cn
中国·武汉

## 内 容 简 介

本教材对应 A 教程中 T 形螺母视图绘制、制作及应用；减速器的拆画及部分零件的制作两个项目的实施需要，以工作过程为导向，编写链接知识，助力学生完成 A 教程中的对应任务。重点学习机械制图、钳工、机械拆装（部件）、零件测量与质量控制技术等领域的知识和技能。

图书在版编目(CIP)数据

简单产品普通加工. B教程. 下册/禹诚，王雷，杜云福主编. —武汉：华中科技大学出版社，2022.11
ISBN 978-7-5680-8822-0

Ⅰ.①简…　Ⅱ.①禹…　②王…　③杜…　Ⅲ.①金属切削-教材　Ⅳ.①TG5

中国版本图书馆 CIP 数据核字(2022)第 219892 号

简单产品普通加工(B 教程下册)
Jiandan Chanpin Putong Jiagong (B Jiaocheng Xiace)

禹诚　王　雷　杜云福　主编

策划编辑：王红梅
责任编辑：刘艳花　李　露
封面设计：原色设计
责任校对：李　琴
责任监印：周治超
出版发行：华中科技大学出版社(中国·武汉)　　电话：(027)81321913
　　　　　武汉市东湖新技术开发区华工科技园　　邮编：430223
录　　排：武汉市洪山区佳年华文印部
印　　刷：湖北新华印务有限公司
开　　本：787mm×1092mm　1/16
印　　张：11.5
字　　数：280 千字
版　　次：2022 年 11 月第 1 版第 1 次印刷
定　　价：88.00 元

# 前言

习近平总书记在党的二十大报告中指出"坚持把发展经济的着力点放在实体经济上，推进新型工业化，加快建设制造强国、质量强国、航天强国、交通强国、网络强国、数字中国。"在推进新型工业化及强国战略过程中，从事装备制造业的技术技能人才肩负着重要使命。

为了培养符合新型工业化和强国战略需要的高水平装备制造大类技能人才，编写团队专注中高职教育教学改革20多年，积累了丰富的项目化教学改革经验。本系列教材聚焦机械设计制造类专业学生学习和教师教学的痛点：一是中职和高职阶段专业课程缺乏统筹规划，教学衔接不畅，岗课证赛融通困难，毕业生难以满足企业岗位需求；二是传统专业教学通常采用专业基础和专业课分门分科教学，互为支撑的课程因开设时间不连续而彼此割裂，理论知识和实践技能脱节，造成学生学习困难、教师教学不畅。

编写团队依据陶行知"教学做合一"理念，通过对标机械设计制造类专业的职业面向、培养目标定位、专业能力要求，开展融合式项目化教学改革，精心设计思政性、趣味性、实用性、连贯性的教学项目，形成中高职一体化全学程专业教学项目链，创新编写中高职一体化融合式纯项目化教材，破解中高职教学衔接不畅、课程割裂、理实脱节等难题。教材在项目任务选题上突出思政功能，引入中国传统文化元素、突出环保理念、借用大国重器工作情景等，树立学生文化自信、提高学生环保意识、激发学生专业担当、培植学生报国之志，有效达成价值塑造、知识传授、能力培养的有机融合。该系列教材包括：简单产品普通加工、常用产品数控加工、复杂产品综合加工、尖端产品多轴加工、创意产品原型制作共五大模块上下册共10套教材，每套教材包括"做学教评同步"A、B教程，共计20本教材。

A教程为基于项目实施过程的"做学教评"同步工作页，B教程为基于项目实施过程的"跨科目融合"同步学习页。编写团队联合企业专家，根据知识对岗位能力的贡献度，依据国家教学标准，将关键学习领域知识点进行了编码(机械设计制造类专业关键知识点编码表见附录)。不同领域的知识点学习页在B教程中用不同标识色块进行了区别，提取全套教材中同标识色块学习页，按知识点编码顺序装订成册将获得传统学科教材，有效兼顾了传统教学。

本系列教材的A、B教程需同步使用，强调以学习者为中心，以工作过程为导向，以做定学，以学定教，以评促学。需要做什么，就学什么；需要学什么，就教什么；学了什么，就测评什么。同步检测做、学、教的效果，有效控制项目教学过程，确保项目教学效果。

本教材对应A教程中T形螺母视图绘制、制作及应用；减速器的拆画及部分零件的制作两个项目的实施需要，以工作过程为导向，编写链接知识，助力学生完成A教程中的对应任务。学生应重点学习机械制图、钳工、机械拆装（部件）、零件测量与质量控制技术等领域的知识和技能。

教材编写团队由耕耘在装备制造类职业教育教学改革一线20多年的全国教书育人楷模禹诚老师领衔，团队成员包括中等职业学校和高等职业学校一线教师、装备制造企业技术技能大师。本教材由武汉城市职业学院禹诚、武汉市第二轻工业学校王雷、杜云福担任主编。参加编写的还有熊靖康、黎显宁、孙啸、王宇轩等老师，钟波、陶兴泉等企业技术技能大师。

特别感谢为教材编写提供帮助的企业专家和毕业生！由于教学团队的教学改革还在持续进行，教学项目还在不断优化，教材编写还存在很多不足，敬请各位专家、读者原谅，欢迎大家多提宝贵修改意见，谢谢！

**编　者**

**2022年11月于武汉**

目录


链接知识 A501.1 螺纹的形成 /1

链接知识 A501.2 螺纹的基本要素 /2

链接知识 A501.3 普通螺纹的标注 /5

链接知识 F505.1 攻螺纹的工具 /7

链接知识 F506.1 螺纹底孔直径的确定 /10

链接知识 F506.2 攻螺纹的方法 /12

链接知识 A402.1 剖视图的形成 /14

链接知识 A402.2 剖视图的画法 /16

链接知识 A402.3 剖视图的标注及配置 /19

链接知识 A402.4 全剖视图的概念及选用 /20

链接知识 A505.1 螺纹的规定画法 /23

链接知识 A505.2 螺纹的标注方法 /28

链接知识 A502.1 垫圈的选用方法 /29

链接知识 A502.2 垫圈的画法 /30

链接知识 A502.3 螺栓连接画法 /31

链接知识 A502.4 双头螺柱连接画法 /34

链接知识 B203.1 螺纹连接的预紧和防松 /37
链接知识 G108 常用拆装工具 /41
链接知识 G401 认识减速器 /46
链接知识 G402 组装减速器 /51
链接知识 A403 断面图 /53
链接知识 C101 零件互换性术语及其定义 /55
链接知识 C102 标准公差和基本偏差 /64
链接知识 C103 公差代号与极限偏差的确定 /70
链接知识 C104 配合与配合种类 /73
链接知识 C105 基孔制与基轴制 /76
链接知识 C106 一般公差——线性尺寸的未注公差 /79
链接知识 C201 零件的几何要素 /80
链接知识 C202.1 几何公差被测要素的标注 /83
链接知识 C202.2 几何公差基准要素的标注 /85
链接知识 C202.3 形状公差 /87
链接知识 C202.4 方向公差 /90
链接知识 C202.5 位置公差 /95
链接知识 C202.6 跳动公差 /99
链接知识 C401.7 几何误差的检测 /102
链接知识 C301 表面结构及其评定参数 /110
链接知识 C302 表面结构的图样标注 /115
链接知识 A601 零件图的概述 /123

链接知识 A602 零件图的视图选择 /129

链接知识 A603 零件图的尺寸标注 /135

链接知识 H1 普通车工实训车间准则 /140

链接知识 H201 普通车床的结构 /141

链接知识 H302 普通车刀的选择及使用方法 /146

链接知识 H202 普通车床的基本操作 /154

链接知识 H403 外径和端面的车削方法 /161

链接知识 H404 切槽、切断的车削方法 /163

附录 /165

参考文献 /176

# 链接知识 A501.1 螺纹的形成

螺纹是在圆柱(锥)表面上，沿着螺旋线所形成的，具有相同剖面的连续凸起和沟槽。实际上可认为是由平面图形绕和它共平面的回转轴线作螺旋运动时的轨迹，如图A501.1-1所示。在圆柱(锥)外表面所形成的螺纹称为外螺纹，如图A501.1-2所示；在圆柱(锥)内表面所形成的螺纹称为内螺纹，如图A501.1-3所示。加工螺纹的方法很多，如：攻丝、套丝、车丝、滚丝、搓丝等，图A501.1-4所示的是车削外螺纹的情形，图A501.1-5所示的是车削内螺纹的情形。

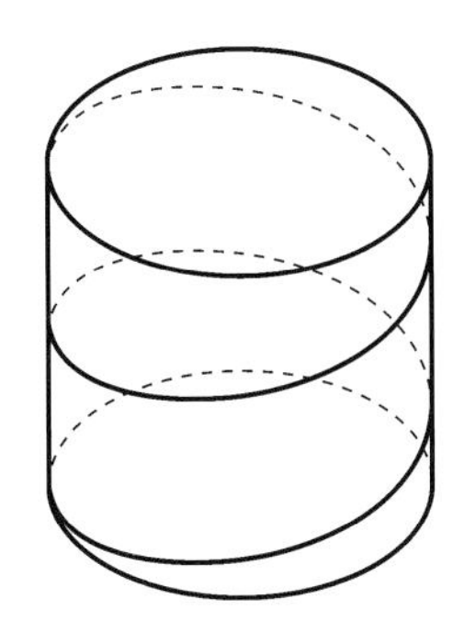

图 A501.1-1　螺旋轨迹

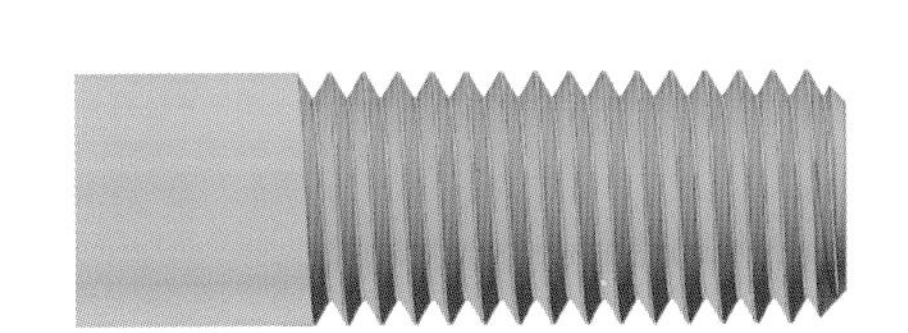

图 A501.1-2　外螺纹

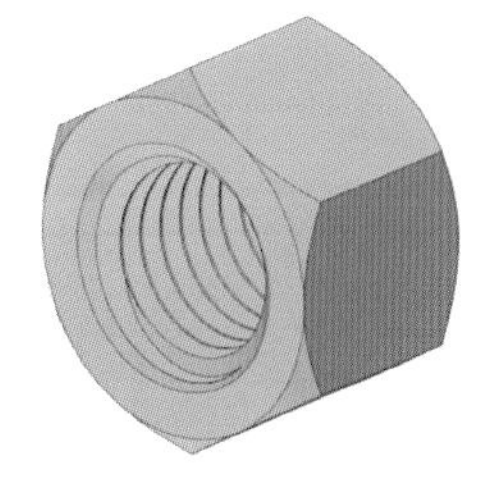

图 A501.1-3　内螺纹

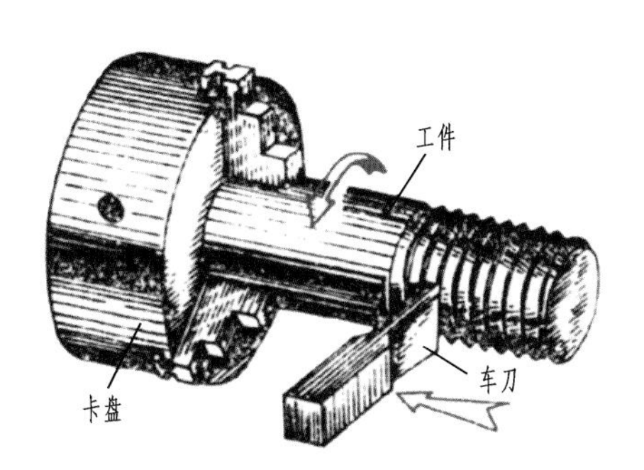


图 A501.1-4　车削外螺纹

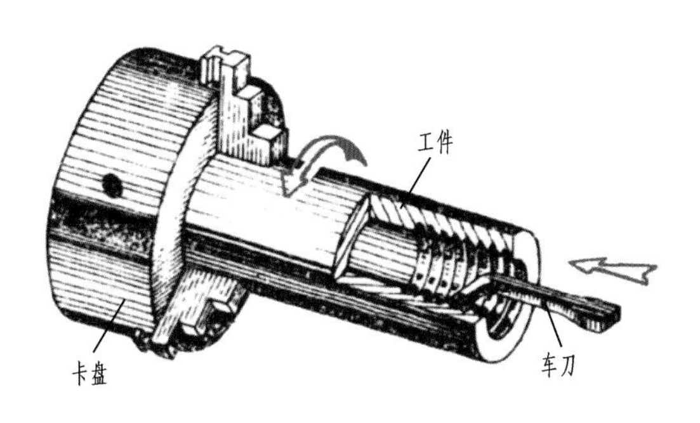


图 A501.1-5　车削内螺纹

## 链接知识 A501.2 螺纹的基本要素

### 1. 螺纹牙型

在通过螺纹轴线的剖面区域上，螺纹的轮廓形状称为螺纹牙型，有三角形、梯形、锯齿形和矩形等，如图 A501.2-1 所示。

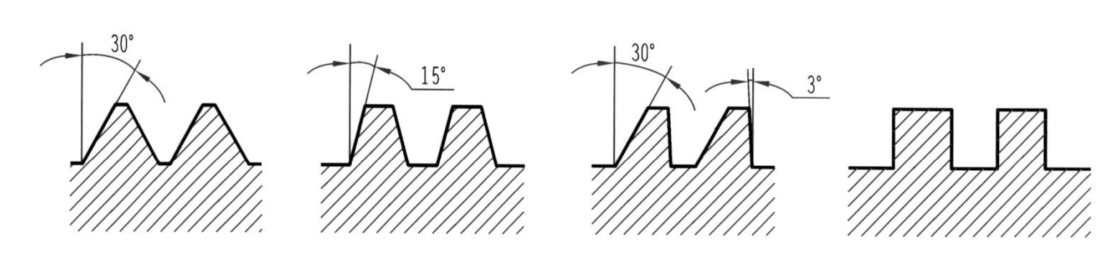


**图 A501.2-1 螺纹牙型**

### 2. 公称直径

螺纹有大径($d$、$D$)、中径($d_2$、$D_2$)、小径($d_1$、$D_1$)，如图 A501.2-2 所示。在表示螺纹时采用的是公称直径，公称直径是代表螺纹尺寸的直径。普通螺纹的公称直径就是大径。

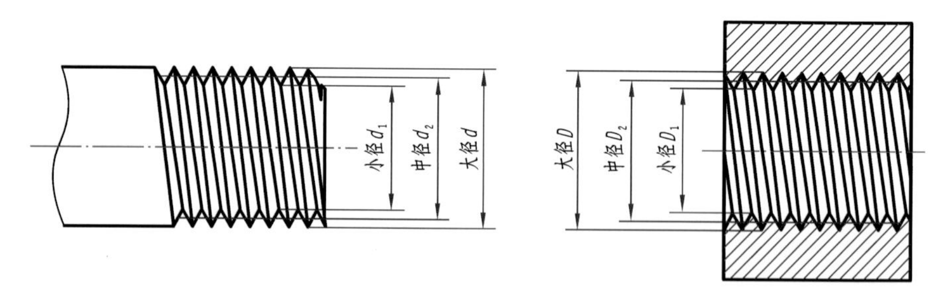


**图 A501.2-2 公称直径**

(1) 大径：螺纹的最大直径，又称公称直径，即与外螺纹的牙顶或内螺纹的牙底相重合的假想圆柱面的直径。外螺纹的大径用“$d$”表示，内螺纹的大径用“$D$”表示。

(2) 小径：螺纹的最小直径，即与外螺纹的牙底或内螺纹的牙顶相重合的假想圆柱面的直径。外螺纹的小径用“$d_1$”表示，内螺纹的小径用“$D_1$”表示。

(3) 中径：在大径和小径之间有一假想圆柱面，在其母线上牙型的沟槽宽度和凸起宽度相等，此假想圆柱面的直径称为中径。外螺纹中径用“$d_2$”表示，内螺纹中径用“$D_2$”表示。它是控制螺纹精度的主要参数之一。



**3. 螺纹线数**

螺纹有单线（常用）和多线之分，沿一条螺旋线形成的螺纹称为单线螺纹，沿轴向等距分布的两条或两条以上的螺旋线形成的螺纹称为多线螺纹，如图 A501.2-3 所示。

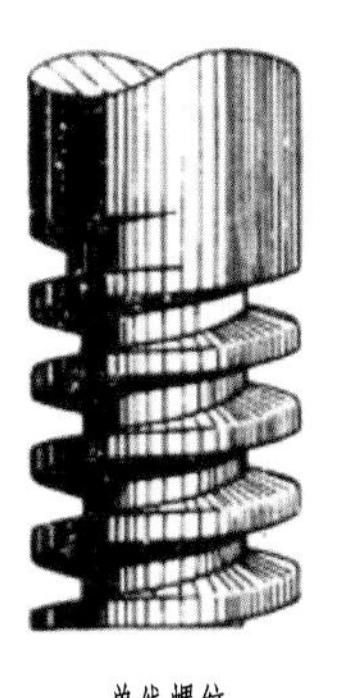

**图 A501.2-3　螺纹线数**

**4. 螺距和导程**

螺距（$P$）是相邻两牙在中径线上对应两点间的轴向距离，如图 A501.2-4 所示。

导程（$Ph$）是同一条螺旋线上的相邻两牙在中径线上对应两点间的轴向距离，如图 A501.2-5 所示。

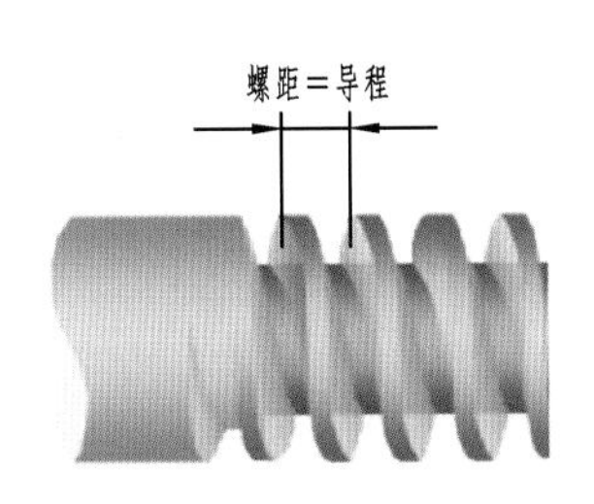



**图 A501.2-4　螺距**

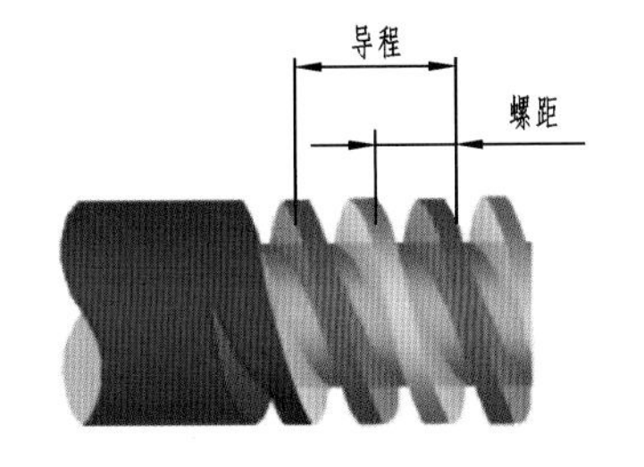



**图 A501.2-5　导程**

螺距和导程的关系：单线螺纹时，导程＝螺距；多线螺纹时，导程＝螺距×线数。

**5. 螺纹旋向**

螺纹分右旋和左旋两种。顺时针旋转时旋入的螺纹称为左旋螺纹，如图 A501.2-6 所示。逆时针旋转时旋入的螺纹称为右旋螺纹，如图 A501.2-7 所示。工程上常用右旋螺纹。

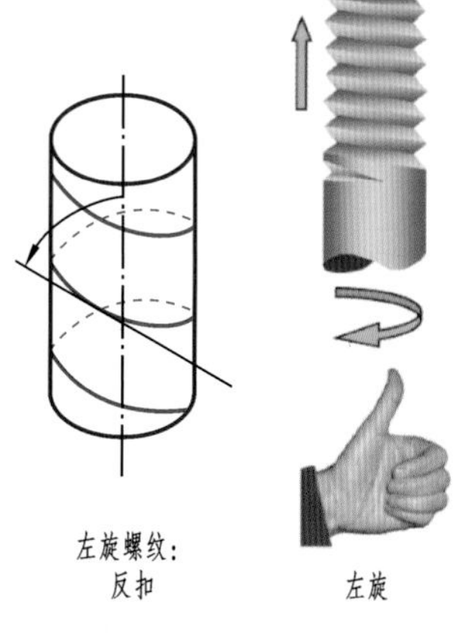


图 A501.2-6　左旋螺纹

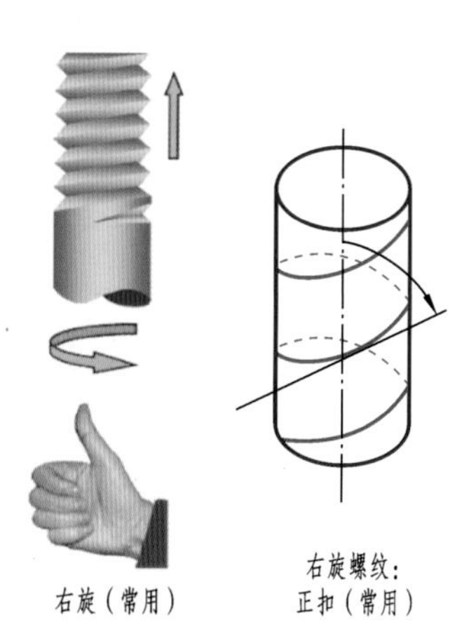


图 A501.2-7　右旋螺纹

# 链接知识 A501.3 普通螺纹的标注

普通螺纹用得最广泛，螺纹紧固件（螺栓、螺柱、螺钉、螺母等零件）上的螺纹一般均为普通螺纹。

普通螺纹的牙型角为60°，分粗牙普通螺纹和细牙普通螺纹，在相同的大径下，有几种不同规格的螺距，螺距最大的一种为粗牙普通螺纹，其余为细牙普通螺纹，细牙普通螺纹多用于精密零件和薄壁零件上。

螺纹标记方式为

| 特征代号 | 公称直径×螺距 | 旋向代号 | — | 中径公差带代号 | 大径公差带代号 | — | 旋合长度代号 |
|---|---|---|---|---|---|---|---|

**1. 特征代号**

特征代号为M（表示普通螺纹）。

**2. 公称直径×螺距**

在螺纹的标记中，细牙普通螺纹的螺距必须注出，而粗牙普通螺纹的螺距一般不标注。如，M10×1 表示公称直径为 10 mm、螺距为 1 mm 的单线细牙普通螺纹；M10 表示公称直径为 10 mm、螺距为 1.5 mm 的单线粗牙普通螺纹。

**3. 旋向代号**

左旋时标注 LH，右旋时不标注。如，M10×1LH 表示公称直径为 10 mm、螺距为 1 mm 的左旋单线细牙普通螺纹。

**4. 普通螺纹的公差带代号**

由公差等级（数字）和基本偏差（外螺纹用小写字母、内螺纹用大写字母表示）组成，例如 5g6g、6g、6H、7H。

当螺纹中径公差带与大径公差带代号不同时，需分别注出。如，M10×1-5g6g 表示公称直径为 10 mm、螺距为 1 mm、中径公差带代号为 5g、大径公差带代号为 6g 的单线细牙普通外螺纹。

当中径与大径公差带代号相同时，只注一个代号。如，M10×1-7H 表示公称直径为 10 mm、螺距为 1 mm、中径公差带代号和大径公差带代号为 7H 的单线细牙普通内螺纹。

**5. 普通螺纹的旋合长度代号**

旋合长度有长、中、短三种，分别用代号 L、N、S 表示。如，M10×1-5g6g-S 为短旋合长度的螺纹；M10×1-7H-L 为长旋合长度的螺纹。当螺纹为中等旋合长度时，代号 N 不标注。有特殊需要时，可注明旋合长度的数值。如，M20×2-5g6g-40 表示公称直径为 20 mm、螺距为 2 mm、中径公差带代号为 5g、大径公差带代号为 6g、旋合长度为 40 mm 的单线细牙普通外螺纹。

# 链接知识 F505.1 攻螺纹的工具

在钳工工作中，用丝锥加工工件内螺纹的操作称为攻螺纹，俗称攻丝；用板牙加工工件外螺纹的操作称为套螺纹，俗称套丝。钳工主要是使用手工方法进行螺距不大的三角形螺纹的加工。由于螺纹连接件是标准件，所以在实际中需要进行加工的通常是内螺纹，只有在自制件中才会涉及外螺纹的加工。

### 1. 丝锥简介

丝锥是加工内螺纹的工具，其由工作部分、柄部等组成，如图 F505.1-1 所示。

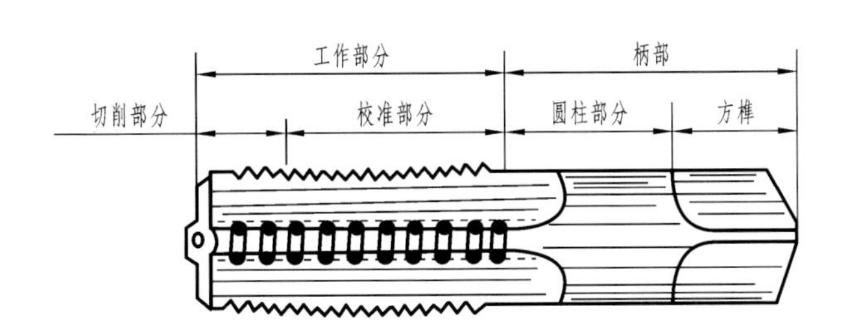


**图 F505.1-1 丝锥的组成**

(1) 工作部分：工作部分包括切削部分、校准部分。切削部分磨出锥角，在攻螺纹时有较好的引导作用。校准部分具有完整的齿形，用来校准已切出的螺纹，并引导丝锥沿轴向前进。

(2) 柄部：柄部包括圆柱部分和方榫。其中，方榫用于夹持丝锥，传递切削转矩。

### 2. 丝锥的分类

(1) 按加工螺纹的种类分类。

① 普通三角形螺纹丝锥，其中，M6～M24 的丝锥为两只一套，小于 M6 和大于 M24 的丝锥为三只一套。两只一套的丝锥分别称为头锥和二锥；三只一套的丝锥分别称为头锥、二锥和三锥。头锥的切削部分较长，锥角较小，以便切入；二锥、三锥的切削部分相对较短，锥角较大，如图 F505.1-2 所示。

② 圆柱管螺纹丝锥，为两只一套。

③ 圆锥管螺纹丝锥，所有尺寸均为单只。

(2) 按加工方法分类。

可分为机用丝锥和手用丝锥，如图 F505.1-3 所示。

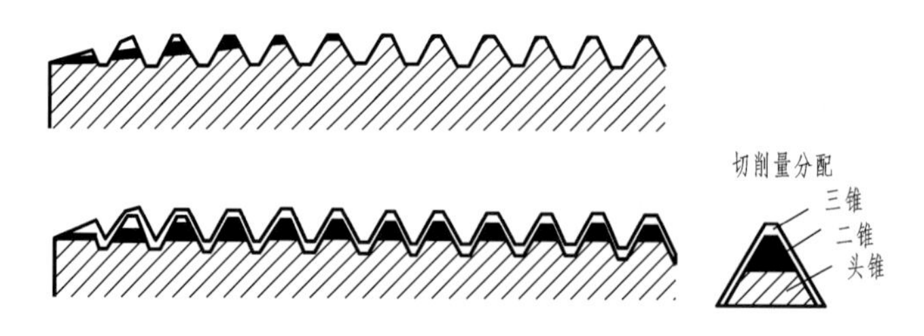


图 F505.1-2　普通三角形螺纹丝锥

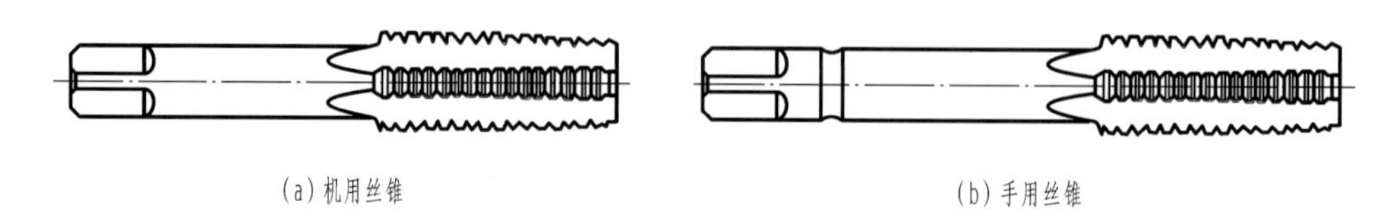


图 F505.1-3　按加工方法分类



### 3. 铰杠

铰杠是用来夹持丝锥的工具，有普通铰杠（如图 F505.1-4 所示）和丁字铰杠（如图 F505.1-5 所示）两类。其中，丁字绞杠可用于攻工件凸台旁的螺纹或机体内部的螺纹。

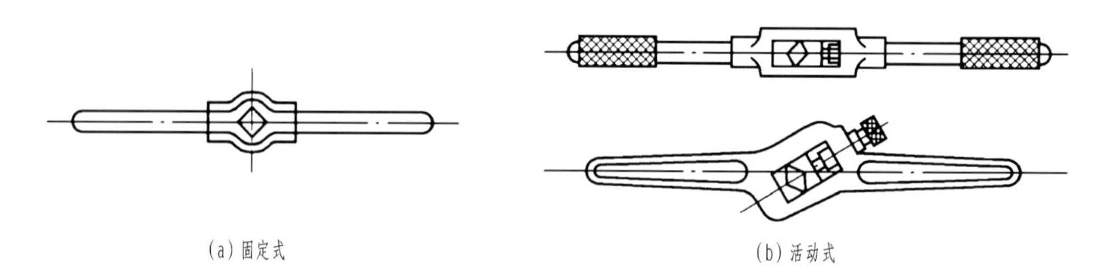


图 F505.1-4　普通铰杠

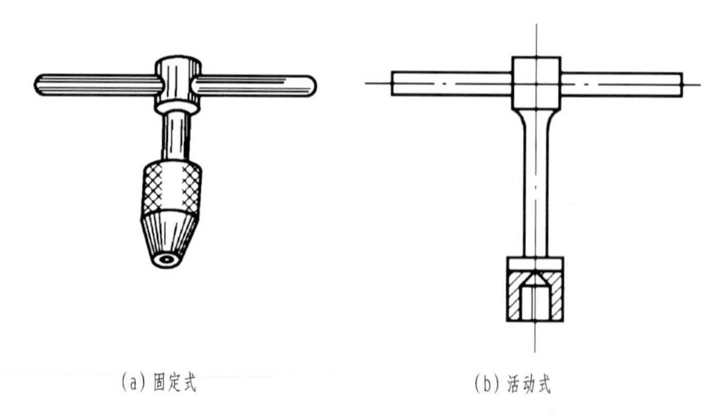


图 F505.1-5　丁字铰杠

各类铰杠又有固定式和活动式两种。固定式铰杠常用来攻 M5 以下的螺纹，活动式铰杠可以用于调节夹持孔尺寸，以用于夹持不同规格的丝锥。

绞杠长度应根据丝锥尺寸来选择，以便控制一定的攻螺纹转矩，具体可参考表 F505.1-1 选用。

表 F505.1-1 绞杠选用

| 绞杠规格 | 150 mm | 230 mm | 280 mm | 380 mm | 580 mm | 600 mm |
| --- | --- | --- | --- | --- | --- | --- |
| 适用丝锥 | M5～M8 | M8～M12 | M12～M14 | M14～M16 | M16～M24 | M24 以上 |

## 链接知识 F506.1 螺纹底孔直径的确定

用丝锥攻螺纹时，每个切削刃一方面在切削金属，另一方面也在挤压金属，从而会产生金属凸起并向牙尖流动的现象（如图 F506.1-1 所示），这一现象在加工韧性材料时尤为显著。若攻螺纹前钻孔直径与螺纹小径相同，螺纹牙型顶端与丝锥刀齿根部没有足够的空隙，则被丝锥挤出的金属会卡住丝锥甚至将其折断，因此，底孔直径应比螺纹小径略大，这样挤出的金属流向牙尖可正好形成完整的螺纹，又不易卡住丝锥。但是，若底孔直径钻得太大，又会使螺纹的牙型高度不够，降低强度。所以，底孔直径要根据工件的材料性质、螺纹直径的大小来确定，可查表，也可使用经验公式来进行计算。

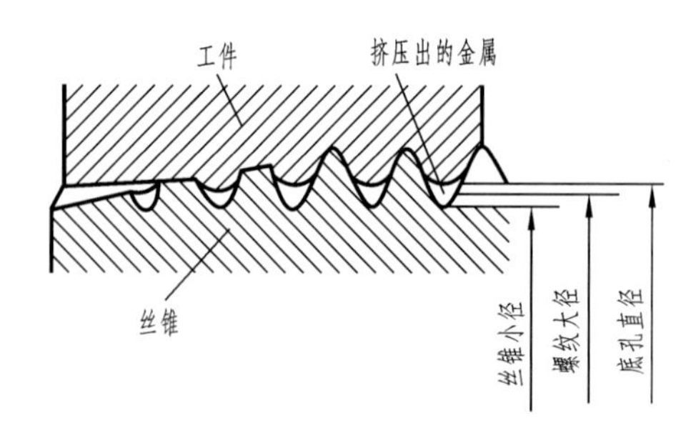


**图 F506.1-1　丝锥攻螺纹**

普通螺纹底孔直径的确定公式如下，脆性材料的为

$$D_{底}=D-1.05P$$

韧性材料的为

$$D_{底}=D-P$$

式中，$D_{底}$ 为底孔直径（mm）；$D$ 为螺纹大径（mm）；$P$ 为螺距（mm）。

表 F506.1-1 将三角形螺距列举了出来，可通过查表确定底孔直径。

表 F506.1-1　常用螺纹螺距表（GB/T 193—2003）

| 公称直径/mm | 粗牙螺纹螺距/mm | 细牙螺纹螺距/mm |
|---|---|---|
| 3 | 0.5 | 0.35 |
| 4 | 0.7 | 0.5 |
| 5 | 0.8 | 0.5 |

续表

| 公称直径/mm | 粗牙螺纹螺距/mm | 细牙螺纹螺距/mm |
| --- | --- | --- |
| 6 | 1 | 0.75 |
| 8 | 1.25 | 1/0.75 |
| 10 | 1.5 | 1.25/0.75 |
| 12 | 1.75 | 1.5/1.25/1 |
| 16 | 2 | 1.5/1 |
| 20 | 2.5 | 2/1.5/1 |
| 24 | 3 | 2.5/1.5/1 |

## 链接知识 F506.2 攻螺纹的方法

攻螺纹的方法如下。

(1) 划线,打样冲。

(2) 钻底孔。

(3) 将螺纹底孔倒角,通孔螺纹两端都需要倒角。倒角直径可略大于螺孔大径,以使丝锥开始切削时容易切入,并可防止孔口出现挤压出的凸边。

(4) 用头锥起攻。起攻时,可用一只手的手掌按住铰杠中部,沿丝锥轴线用力加压,另一只手配合做顺向旋进(如图 F506.2-1 所示);或两只手握住铰杠两端均匀施加压力,并将丝锥顺向旋进(如图 F506.2-2 所示)。应保证丝维中心线与孔中心线重合,没有歪斜。在丝锥攻入 1～2 圈后,应该及时从前后、左右两个方向用直角尺进行检查(如图 F506.2-3 所示),并不断找正至要求。

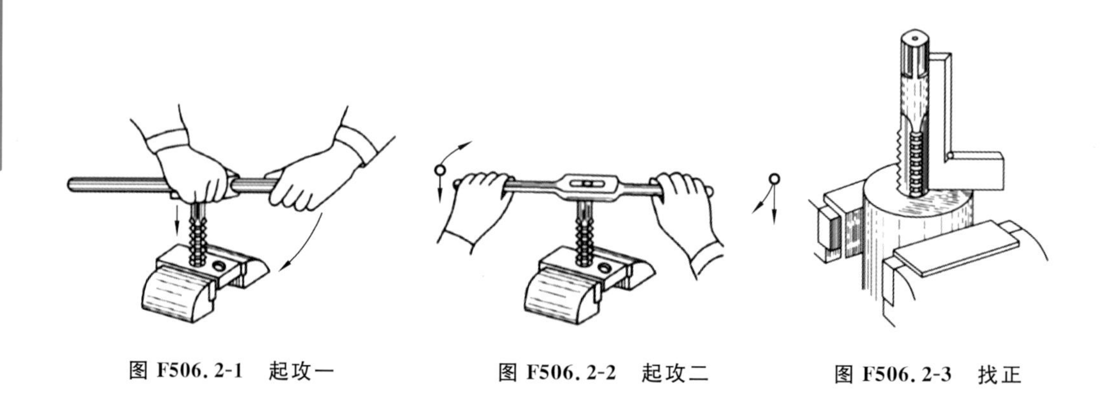

图 F506.2-1　起攻一　　图 F506.2-2　起攻二　　图 F506.2-3　找正

(5) 当丝维的切削部分全部进入工件时,就不需要再施加压力,而靠丝锥做自然旋进切削。两只手均匀用力,并要经常倒转 1/4～1/2 圈,使切屑碎断后容易排除,避免切屑将丝锥卡住。

(6) 攻螺纹时,必须以头锥、二锥、三锥的顺序攻削,使用时顺序不能弄错,以合理分担切削量。在较硬的材料上攻螺纹时,可将各丝锥轮流替换使用,以减小切削部分负荷,防止丝锥折断。

(7) 攻不穿通螺纹孔时,可在丝锥上做好深度标记,并注意经常退出丝锥排屑,清除留在孔内的切屑。

(8) 攻螺纹时，应加切削液润滑，以减小切削阻力，降低加工螺纹孔的表面粗糙度值和延长丝锥寿命。

**【探究交流】**

完成如图 F506.2-4 所示的攻丝训练，毛坯尺寸为 80 mm×60 mm×8 mm，材料为 Q235 钢。

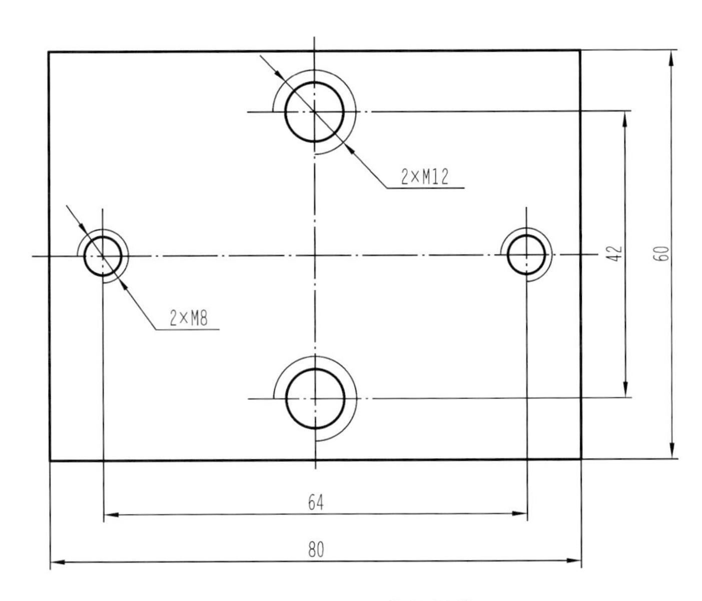


**图 F506.2-4　攻丝训练**

# 链接知识 A402.1 剖视图的形成

当机件内部的形状较为复杂时，视图上将出现许多虚线，不便于看图和标注尺寸，如图 A402.1-1 所示。

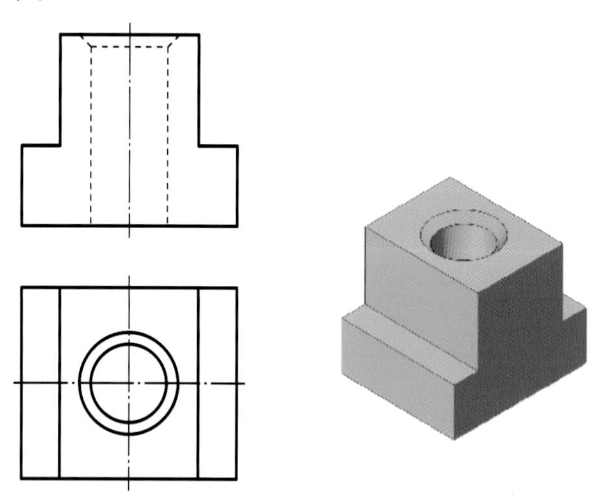

图 A402.1-1　用虚线表示内部结构的视图

那么，如何在视图中减少虚线的表达？如何将不可见的内部结构变为可见的呢？

假想用一剖切面将机件剖开，移去剖切面和观察者之间的部分，将其余部分向投影面投射，并在剖面区域内画上剖面符号，如图 A402.1-2 所示，此主视图即为剖视图，简称剖视。

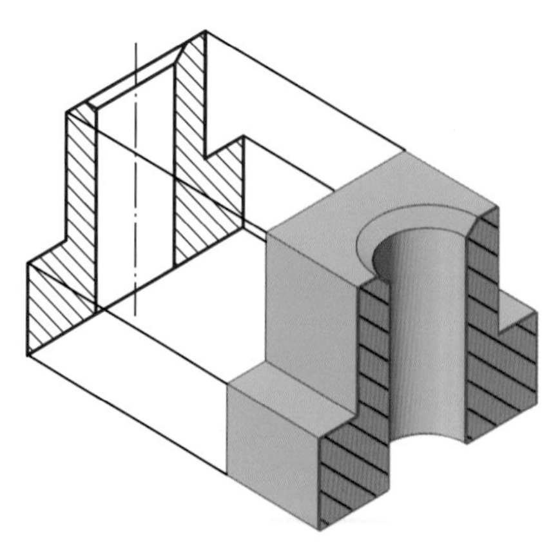

图 A402.1-2　剖视图的形成

与未剖的视图相比，剖视图在表达方法上实现了将机件的内部形状变为可见的，其将原来不可见的虚线变成了可见的实线，如图 A402.1-3 所示。

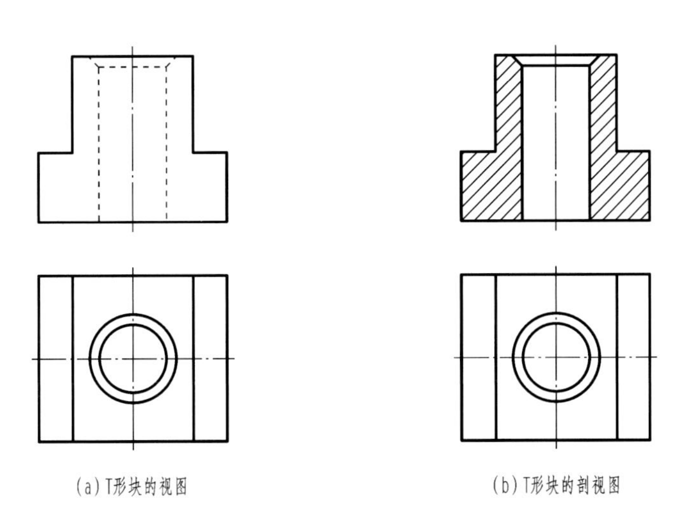


**图 A402.1-3　T 形块的两种表达方法**

剖视图中，要严格区分被剖切面剖切的部分及未被剖切的部分。被剖切到的部分称为剖面区域，剖面区域内必须画上剖面符号。剖面符号可表现被剖切机件的材料。对不同的材料，应采用不同的剖面符号(详见表 A402.1-1)。

表 A402.1-1　剖面符号

| 材料名称 | 剖面符号 | 材料名称 | 剖面符号 |
| --- | --- | --- | --- |
| 金属材料(已有规定剖面符号者除外) | | 砖 | |
| 线圈绕组元件 | | 玻璃及供观察用的其他透明材料 | |
| 转子、电枢、变压器和电抗器等的叠钢片 | | 液体 | |
| 型砂、填砂、粉末冶金、砂轮、陶瓷刀片、硬质合金刀片 | | 非金属材料(已有规定剖面符号者除外) | |

在机械设计中，用金属材料制作的零件最多，为便于画图，国家标准规定，表示金属材料的剖面符号是 45°方向且间距相等的细实线，这种剖面符号特称为剖面线。

## 链接知识 A402.2 剖视图的画法

### 1. 画剖视图的方法与步骤

下面以T形块为例讲解画剖视图的方法与步骤。

(1) 确定剖切面的位置。剖视图用于清楚表示机件的内部结构形状，因此，剖切面位置的选择至关重要，应尽量选择通过较多的内部结构(孔、槽等)的轴线，或对称中心线、对称面等，且必须与投影面平行。T形块为前后对称的结构，所以选取的截切面应通过前后对称中心线且平行于V面。如图A402.2-1(a)所示，俯视图中对称中心线两



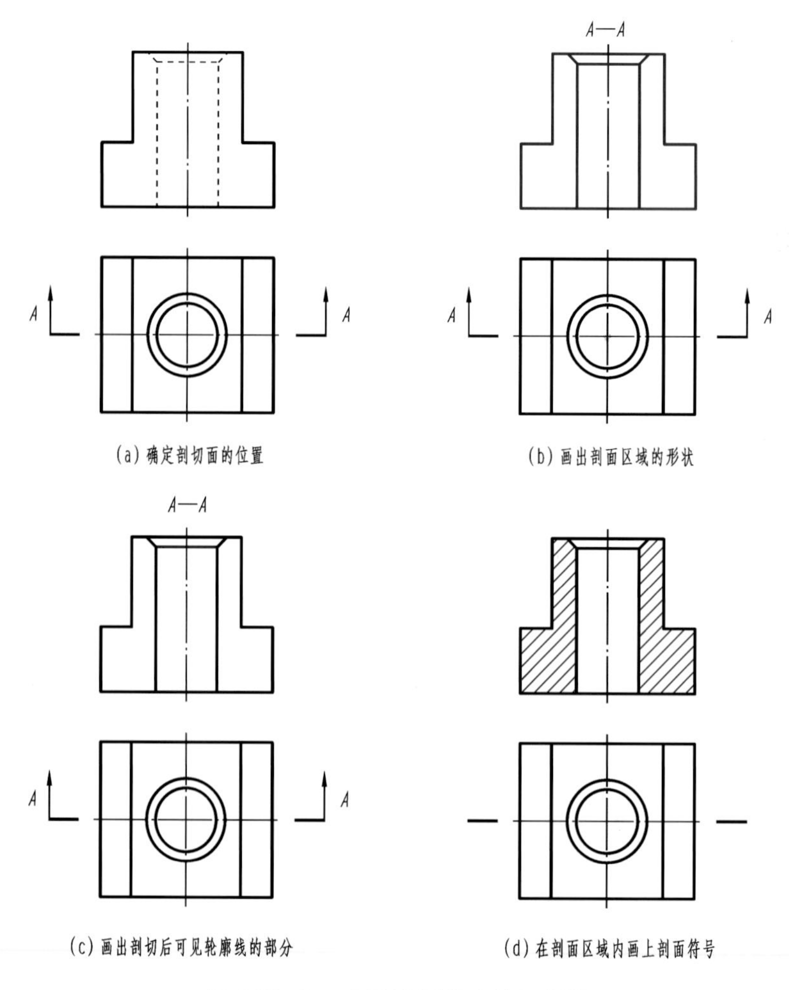


图 A402.2-1 画剖视图的方法与步骤

旁的一对剖切符号表示剖切面的位置。

(2) 假想移去剖切面和观察者之间的部分,将后半部分向 $V$ 面投射。画出剖面区域的形状,如图 A402.2-1(b)所示。

(3) 画出剖切面后方由不可见的虚线变为可见轮廓线的部分,如图 A402.2-1(c)所示。

(4) 在剖面区域内画上剖面符号,如图 A402.2-1(d)所示。

**2. 画剖视图的注意事项**

(1) 剖切是一种假想,只是将机件的某个视图用剖视图表示,机件仍然是完整的,机件的其他投影图必须按完整的机件进行投射,并画出其完整视图,如图 A402.2-2 所示。

(2) 对于在剖视图上已经表达清楚的内部结构,在其他视图上此部分结构的投影为虚线时,虚线省略不画,避免细节重复,如图 A402.2-2 所示。但没有表示清楚的结构,允许画少量虚线,如图 A402.2-3 所示。

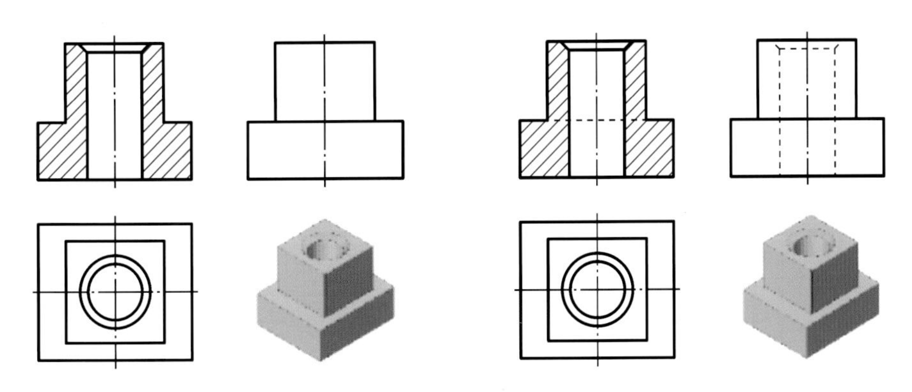

图 A402.2-2 剖视图中虚线的省略

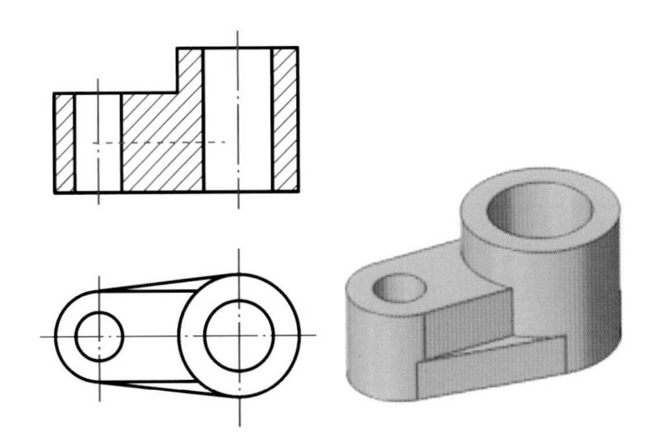

图 A402.2-3 剖视图中必要的虚线

(3) 剖视图是体的投影,所以剖切面后方的可见轮廓线要全部画出。

(4) 某个机件的视图中,可以有多重剖视。

(5) 再一次强调:同一机件的视图上的所有剖面区域内,剖面线的方向、间距必须一致。

(6) 对于机件上的肋板(或轮辐、薄壁)等结构,若剖切平面通过其对称平面沿纵向剖切,则这些结构均不画剖面符号,并且用粗实线将其与相邻部分分开。

# 链接知识 A402.3 剖视图的标注及配置

**1. 剖视图的标注**

剖视图与视图以是否画有剖面线为区分。剖视图的标注重点是对剖切面位置的标注，标注方法如下。

(1) 剖切线用于指示剖切面位置，用细点画线表示。由于剖切面通常选择通过回转体轴线、对称中心线、对称面等，而这些图线往往在原视图中已经绘制，因此，剖切线一般情况下可以省略。

(2) 剖切符号用于表示剖切面起止、转折位置(用粗短线表示)及投射方向(用箭头表示)，注意该粗短线必须独立，不能与其他图线相交。

(3) 剖视图的名称用于注明剖视图的名称。在剖切符号的起止或转折处标注大写拉丁字母“×”，并在剖视图的上方用同样的字母标出剖视图的名称“×-×”。

下列情况下可省略标注：① 当剖视图按基本视图配置时，可省略箭头；② 当单一剖切面通过机件的对称平面或基本对称的平面，且剖视图按投影关系配置，中间没有其他图形隔开时，可不标注。

**2. 剖视图的配置**

首先考虑将剖视图配置在基本视图的方位，一般按投影关系配置。必要时也可配置在其他适当的位置上。

## 链接知识 A402.4 全剖视图的概念及选用

全剖视图是用剖切面完全地剖开机件所得的剖视图。全剖视图适用于表达外形比较简单，而内部形状复杂且不对称的机件，如图 A402.4-1 所示。

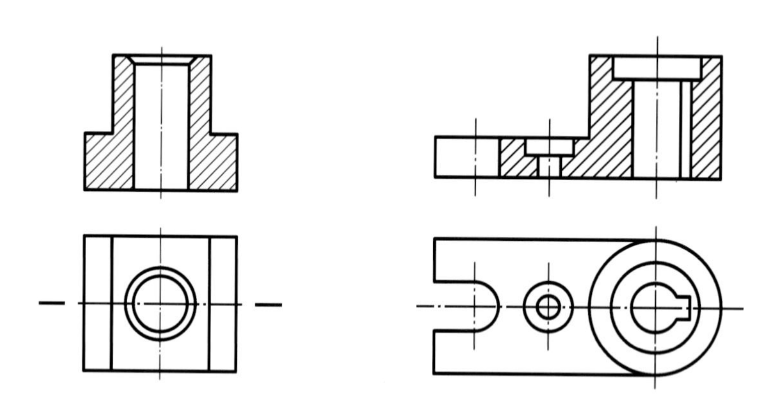

图 A402.4-1　全剖视图

注意：不论采用哪种剖切方法，采用一个还是几个剖切面，只要将机件完全剖开，所得的剖视图均为全剖视图。

根据机件结构的特点和表达需要，有三种剖切面可供选用：单一剖切面、几个平行的剖切面和几个相交的剖切面。

**1. 单一剖切面**

用一个平面剖切机件即为采用单一剖切平面，根据剖切面与投影面的相对位置不同，单一剖切平面又可分为以下几类。

(1) 剖切面平行于某一基本投影面，参见图 A402.4-1 中所示的平行于 $V$ 面的单一全剖视图。又如图 A402.4-2 所示，$B$—$B$ 视图亦为剖切面平行于 $H$ 面的单一全剖视图。

(2) 剖切面不平行于任何基本投影面，而与基本投影面倾斜，即为斜剖。主要用于当机件具有倾斜部分，同时这部分的内形和外形都需要表达时的情况，如图 A402.4-2 中的 $A$—$A$ 单一斜剖视图。此剖视可按斜视图的配置方式配置，在不会引起误解时，允许将斜剖图形旋转，类似于斜视图的配置方式。

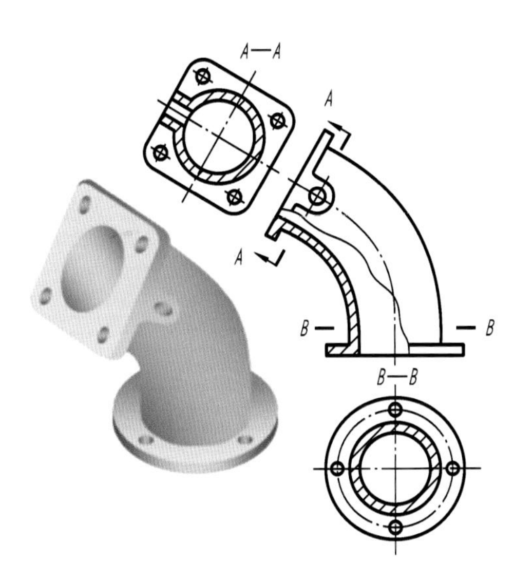


图 A402.4-2 单一剖切平面

## 2. 几个平行的剖切面

当机件的内部结构(如孔槽及空腔等)位于几个平行平面上时,可采用几个平行的剖切平面(简称"剖切面")来剖切。如图 A402.4-3 所示,假想用两个平行的剖切面去剖切机件内部的空腔体,得到的剖视图按单一剖切面的表达方式表达,不画两剖切面转折处分界面的投影。但转折处的位置必须准确标注,并标注标识符号。

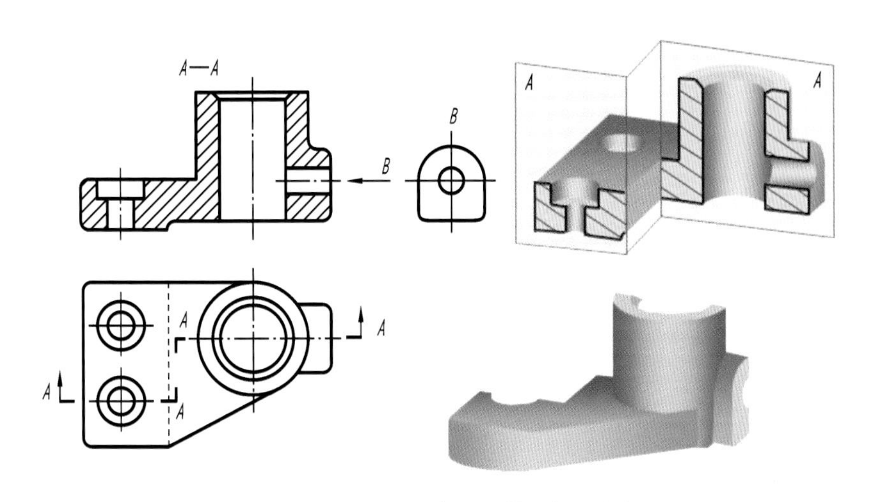


图 A402.4-3 用两个平行的剖切面剖切

注意:两剖切面的转折处不应与图上的轮廓线重合,在剖视图上不应在转折处画线,如图 A402.4-4 所示。

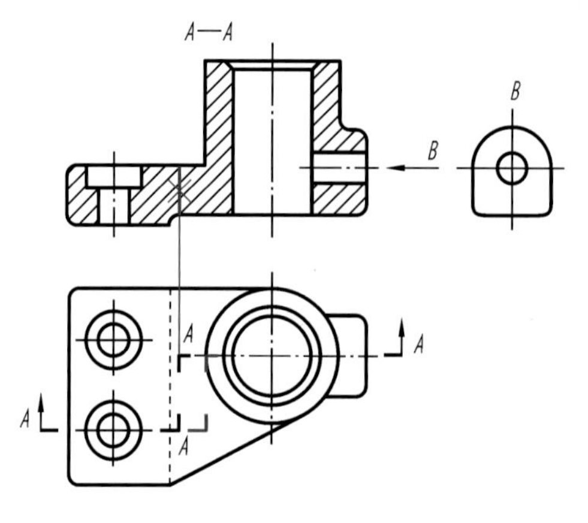


图 A402.4-4 转折处的画法

### 3. 几个相交的剖切面

当机件的内部结构形状用单一剖切面不能完整表达，而机件又有回转轴时，可采用两个(或两个以上)相交的剖切面(交线垂直于某一基本投影面)剖开机件。标注方法如图 A402.4-5(a)所示。

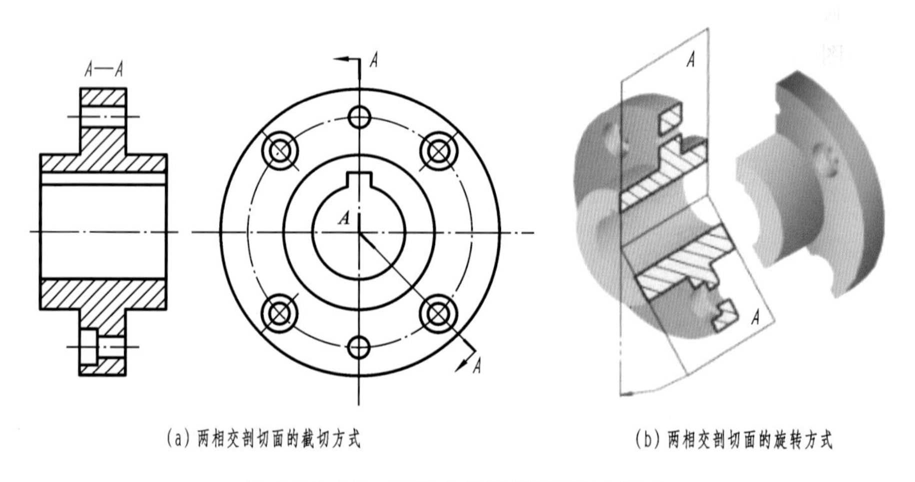


(a) 两相交剖切面的截切方式

(b) 两相交剖切面的旋转方式

图 A402.4-5 两相交的剖切平面剖开机件

应注意以下两点。

(1) 假想用两相交的剖切面去截切具有回转轴的机件，两截切面的交线一般应与机件的回转轴线重合。

(2) 应按照“先剖切，后旋转”的方法绘制剖视图。两相交的截切面中，保持与某投影面平行的截切面不动，将不平行于某投影面的截切面作旋转，至两截切面共面，再向投影面投影作图，如图 A402.4-5(b)所示。

# 链接知识 A505.1 螺纹的规定画法

国家标准《机械制图 螺纹及螺纹紧固件表示法》GB/T 4459.1—1995 中明确了在机械图样中螺纹和螺纹紧固件的画法。对于螺纹，只画出五要素中的公称直径即可，其余要素均通过螺纹的标注补充齐全，另外，内、外螺纹在表达方法上有严格区分，不得混淆。

**1. 内、外螺纹的规定画法**

1）外螺纹的画法

外螺纹是制作在圆柱外表面的，外螺纹的画法为，在圆柱体的绘制的基础上，添加螺纹的公称直径和螺纹终止线。

螺纹不论其牙型如何，外螺纹的牙顶线（大径 $d$）用粗实线绘制，牙底线（小径 $d_1$）用细实线绘制，且画到倒角或倒圆部分。螺纹终止线（表示螺纹有效长度，不包括螺尾）用粗实线绘制。左视图中的小径，只画 3/4 圈细实线圆，倒角圆省略不画。小径 $d_1 \approx 0.85d$，如图 A505.1-1 所示。

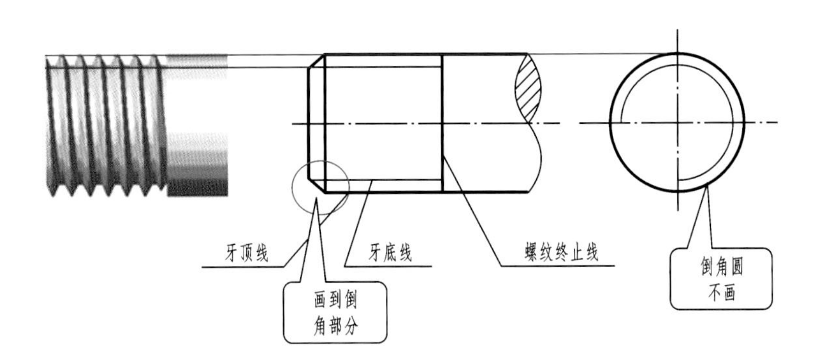


**图 A505.1-1 外螺纹画法**

外螺纹的剖视画法如图 A505.1-2 所示。波浪线圈定的范围内，按剖视绘图，大、小径线形不变，螺纹终止线仅画小径至大径之间的一小段。剖面线画到牙顶线（大径线），包括全剖视的左视图，剖面线也必须画至牙顶线。两个视图上剖面线的方向、间距必须一致。

2）内螺纹的画法

内螺纹是制作在圆柱孔腔内表面上的，应选择剖视表达。其同样基于圆柱内表面

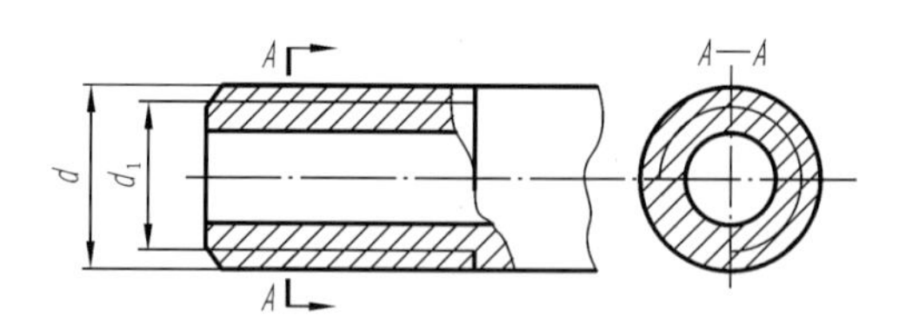


图 A505.1-2　外螺纹的剖视画法

的画法，在此基础上添加螺纹公称直径和螺纹终止线。

内螺纹的牙顶线（小径 $D_1$）用粗实线绘制，牙底线（大径 $D$）用细实线绘制，且画到倒角或倒圆部分。螺纹终止线用粗实线绘制。左视图中的大径，只画 3/4 圈细实线圆，注意要画在整圆小径的外侧，倒角圆省略不画，$D \approx D_1/0.85$。

内螺纹的剖面线画到内螺纹的牙顶线（小径线），如图 A505.1-3 所示。

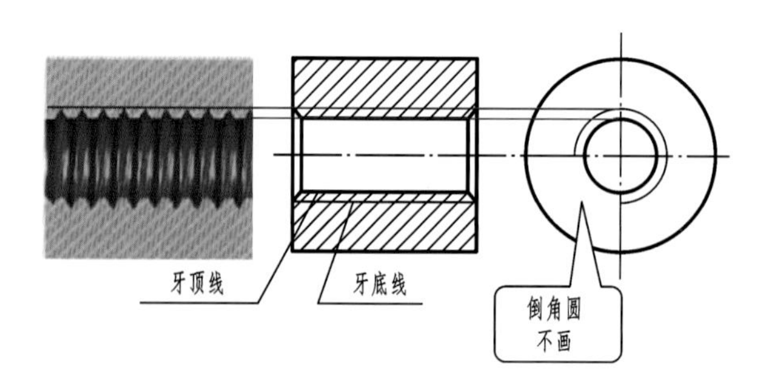


图 A505.1-3　内螺纹画法

内螺纹的剖视画法，如图 A505.1-4 所示，两个视图均采用全剖视图，两个视图剖面线的方向、间距必须一致，以示其为一个机件的两个视图。剖面线都画至小径线。

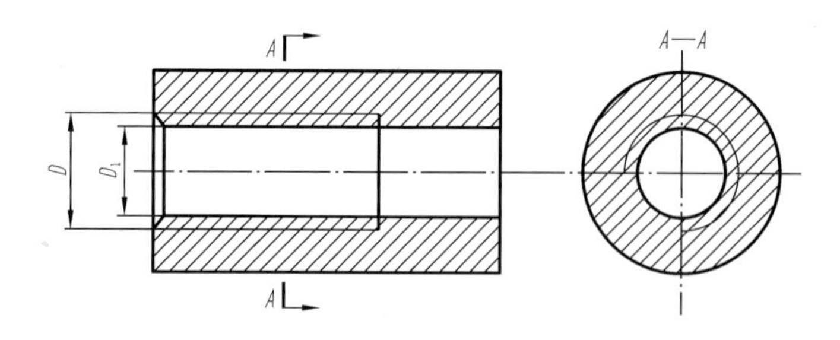


图 A505.1-4　内螺纹的剖视画法

对于不穿通螺纹孔（俗称盲孔），应分别画出钻孔深度 $H$ 和螺孔深度 $L$。详细步骤如图 A505.1-5 所示。

(1) 先用麻花钻头加工光孔,如图 A505.1-5(a)所示。由于钻头尾部结构为圆锥体,光孔尾部会形成 120°的锥顶角,如图 A505.1-5(b)所示。

(2) 再用丝锥扩螺孔,如图 A505.1-5(c)所示。扩螺孔时丝锥攻下的深度是螺纹的有效深度,也是螺纹终止线的深度,通常保留 0.5$D$,其中,$D$ 为螺纹大径,如图 A505.1-5(d)所示。

有时也将丝锥攻至底部,此时螺纹终止线与光孔的柱、锥交线重影,如图 A505.1-5(e)所示。

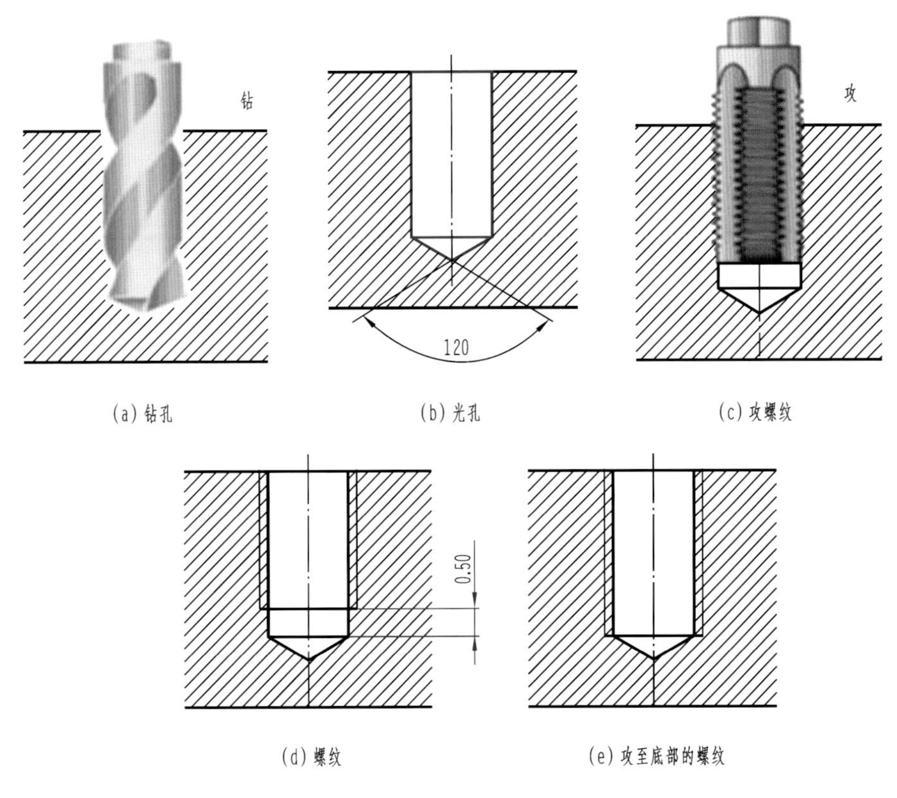


**图 A505.1-5 不穿通螺纹孔的画法**

**2. 内、外螺纹连接的画法**

只有螺纹五要素完全相同的内、外螺纹才能旋合工作,螺纹连接的特性将在螺纹连接的画法中有所体现。

1) 绘图要点

内、外螺纹的旋合部分必须按外螺纹的绘图方法绘制,未旋合部分按各自规定的画法绘制,如图 A505.1-6 所示。

(1) 表达方法的选择:为了清楚表达内部结构应该采用剖视。主视图中,制有外螺

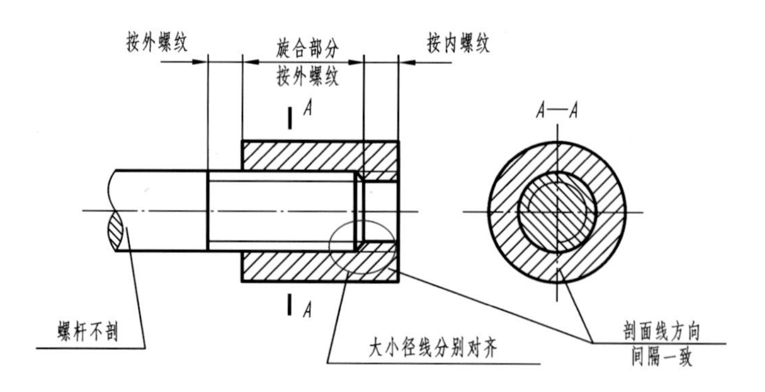


**图 A505.1-6　螺纹连接画法(通孔)**

纹的螺杆被纵向剖切，按不剖绘图。左视图中被横向剖切，按剖视绘图。

(2) 内、外螺纹的大径线与小径线必须对齐。

(3) 对于旋入螺孔的外螺纹，其螺纹终止线的位置必须按其工作原理选择，不可画在螺孔内。

(4) 剖面线的画法：外螺纹区域画至大径线，内螺纹区域画至小径线(均画至粗实线)。*A*—*A* 剖视图中，外螺纹与内螺纹的剖面线必须以两种方式表达(方向相反)，表示此为两个不同的机件。而同一个机件的不同视图上的剖面线必须一致，如内腔加工内螺纹的机件，其主视、左视图中的剖面线应一致。

2) 绘图步骤

图 A505.1-7 所示的是螺纹盲孔连接的画法。

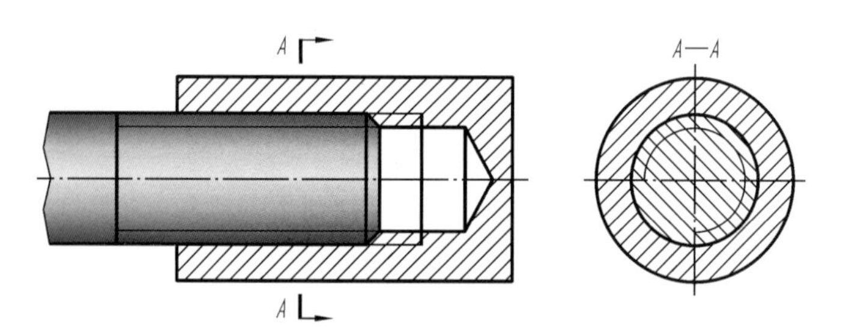


**图 A505.1-7　螺纹盲孔连接的画法**

(1) 画螺杆，如图 A505.1-8(a)所示。

(2) 确定内螺纹的端面位置，如图 A505.1-8(b)所示。

(3) 画螺孔，注意大、小径线的对齐，如图 A505.1-8(c)所示。

(4) 画剖面线，注意剖面线画至粗实线，如图 A505.1-8(d)所示。

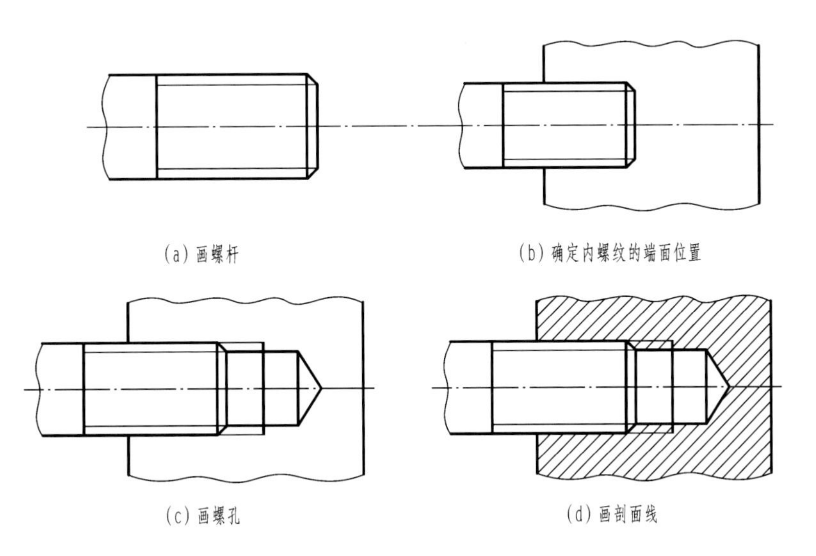


图 A505.1-8　螺纹连接绘图步骤

# 链接知识 A505.2 螺纹的标注方法

螺纹标注的方法同尺寸标注的，由于螺纹的标记符号过长，必要时应用引出线引出标注。

无论是内螺纹还是外螺纹，螺纹标注的尺寸界线应从大径线引出，如图 A505.2-1(a)和图 A505.2-1(b)所示。

管螺纹的标注应用引出线从大径线引出标注，如图 A505.2-1(c)所示。

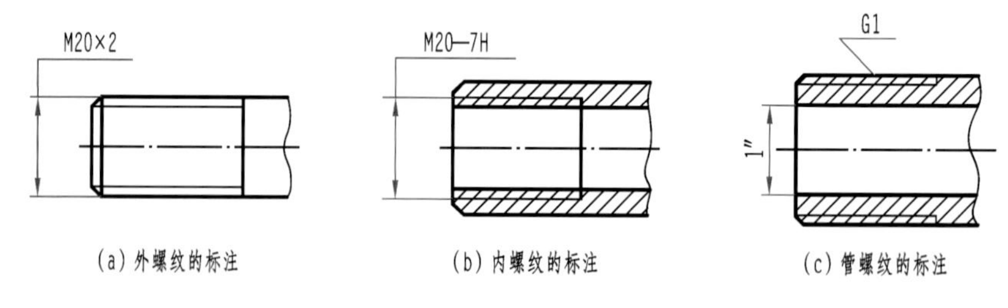


图 A505.2-1 螺纹的标注

【探究交流】

完成如图 A505.2-2 所示的全剖主视图的绘制。

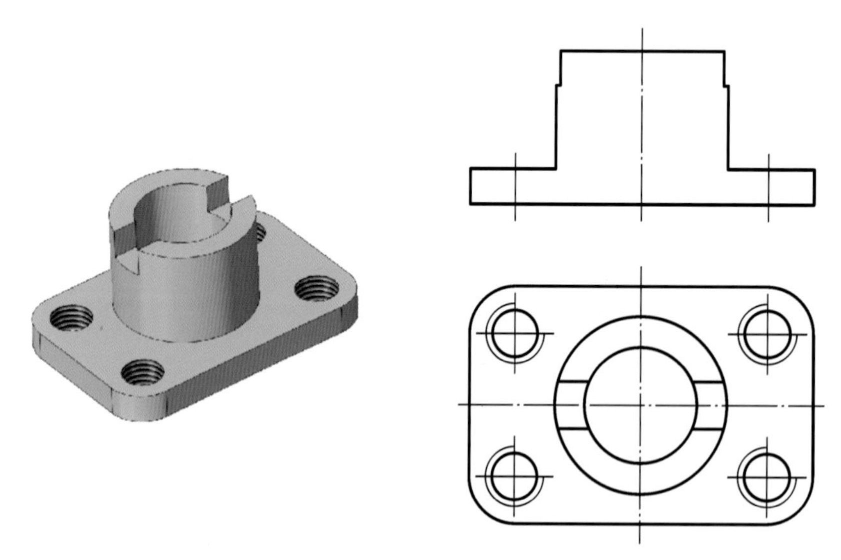

图 A505.2-2 将主视图改画成全剖主视图

# 链接知识 A502.1 垫圈的选用方法

**1. 平垫圈**

平垫圈通常是各种形状的薄件，用于减小摩擦、防止泄漏、隔离、防止松脱或分散压力，当有的部位拧紧轴向力很大时，易使垫圈压成碟形，这时可通过改用材料和提高硬度来解决，如图 A502.1-1 所示。

**2. 弹簧垫圈**

弹簧垫圈在一般机械产品的承力和非承力结构中应用广泛，其特点是成本低廉、安装方便，适用于装拆频繁的部位。弹簧垫圈用于防松，比如电机与机座连接的螺栓一般要加弹簧垫，因为电机振动如果没有弹簧垫，螺母会松动。一般带有振动的装备上的紧固件上装有弹簧垫圈，如图 A502.1-2 所示。

**3. 圆螺母用止动垫圈**

圆螺母用止动垫圈又称止退垫圈，俗名王八垫，是一种利用止动耳和圆螺母开口及轴的键槽的配合来防止圆螺母松动的垫圈，如图 A502.1-3 所示。

图 A502.1-1　平垫圈

图 A502.1-2　弹簧垫圈

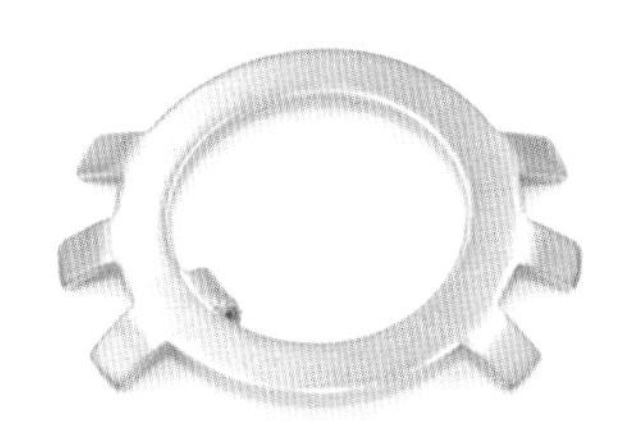

图 A502.1-3　圆螺母用止动垫圈

## 链接知识 A502.2 垫圈的画法

垫圈的简化画法如图 A502.2-1 所示，图中，$d$ 即为标记中“规格-性能”的数值 12，表示与公称直径为 12 mm 的螺纹紧固件配套使用的辅助零件。标记示例：

垫圈　GB/T 97.1 12

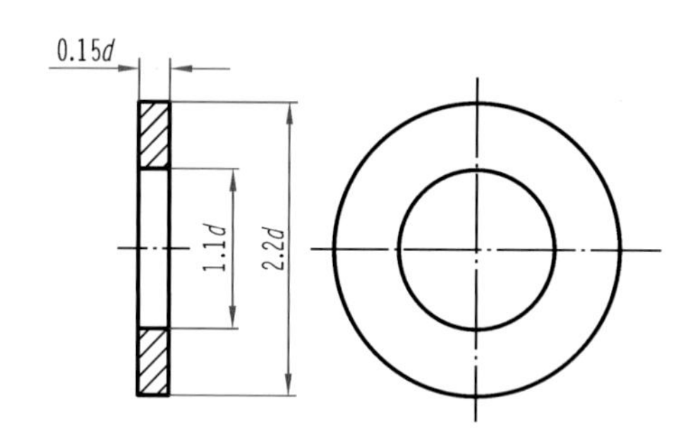


图 A502.2-1　垫圈的简化画法

# 链接知识 A502.3 螺栓连接画法

**1. 装配示意**

被连接件 1 与被连接件 2 必须预先钻出通孔，通孔的孔径为 1.1$d$（$d$ 为螺栓的大径），然后将螺栓从孔中穿过，再套上垫圈、拧紧螺母即实现了连接，如图 A502.3-1(a)所示。这种连接方法主要用于两零件被连接处厚度不大，而受力较大，且需要经常拆装的场合。

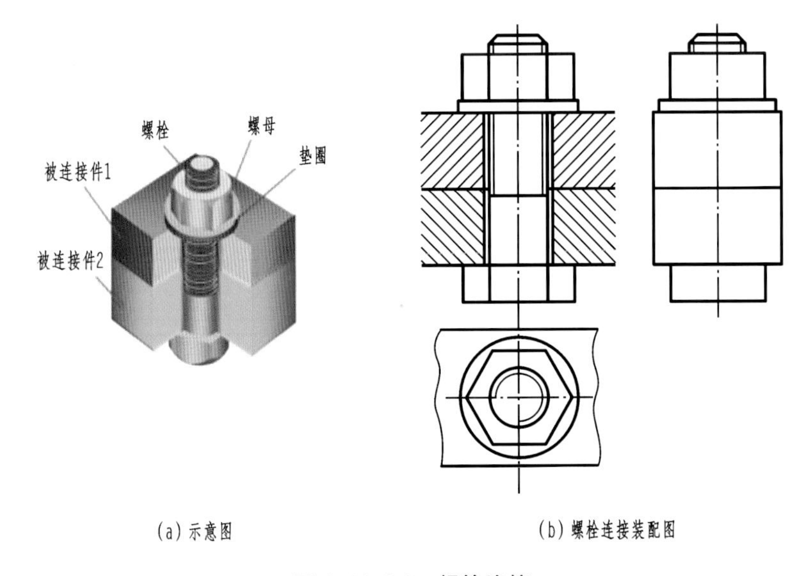


图 A502.3-1　螺栓连接

**2. 规定画法**

(1) 主视图采用全剖视图，而标准件在被纵向剖切的剖视图中均按不剖画图，如图 A502.3-1(b)所示。

(2) 两零件接触表面画一条线，如垫圈与螺母的上下接触表面。不接触表面画两条线，如两块被连接件的通孔与螺栓大径线应画两条线（通孔直径为 1.1$d$，螺栓直径为 $d$）。

(3) 两块相邻的被连接件的剖面线应不一致，表示其为两个零件。剖面线的不一致性表现在方向相反。也可表现为，方向一致，但间距不一致。

### 3. 绘图步骤

绘图步骤如图 A502.3-2 所示。

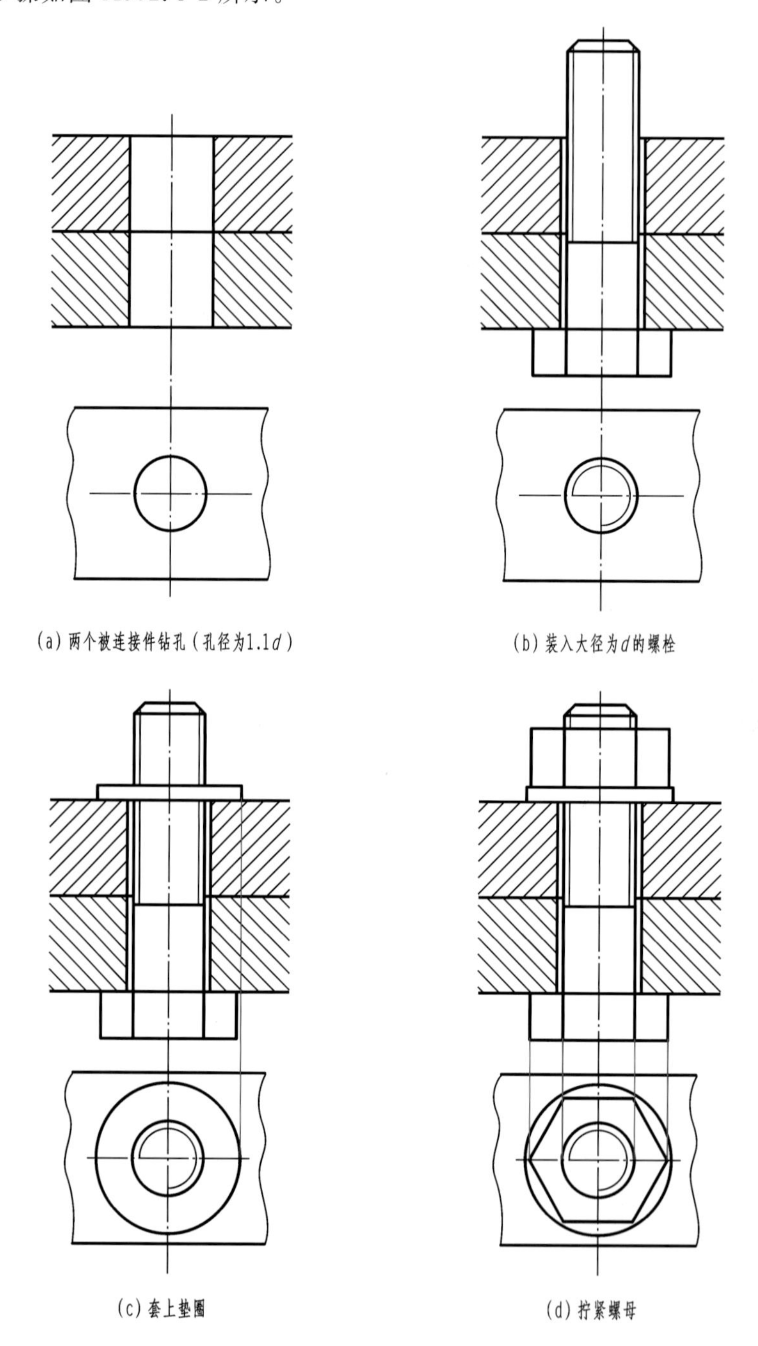


图 A502.3-2 绘图步骤

### 4. 有效长度的选用

螺栓大径 $d$ 的选用由连接强度要求或结构要求确定；螺栓的有效长度 $L$ 则由下式

估算：$L = t_1 + t_2 + 0.15d$（垫圈厚度）$+ 0.8d$（螺母厚度）$+ 0.3d$（计算后查表取标准值），如图 A502.3-3(a)所示。图 A502.3-3(b)所示的为局部放大图，其详细表达了被连接件通孔内腔与螺栓大径之间空隙处线段的画法，在绘图时不可遗漏。

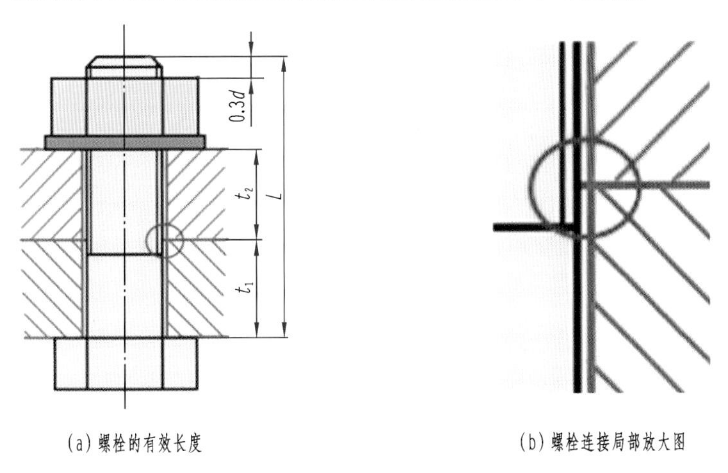


图 A502.3-3　螺栓有效长度的选用

**5. 绘图尺寸**

在绘图中，各项尺寸的选取可以采用两种方法：查表法和比例法。相对而言，比例法既简单又省时，按螺纹大径的比例数确定有关尺寸，如图 A502.3-4 所示。

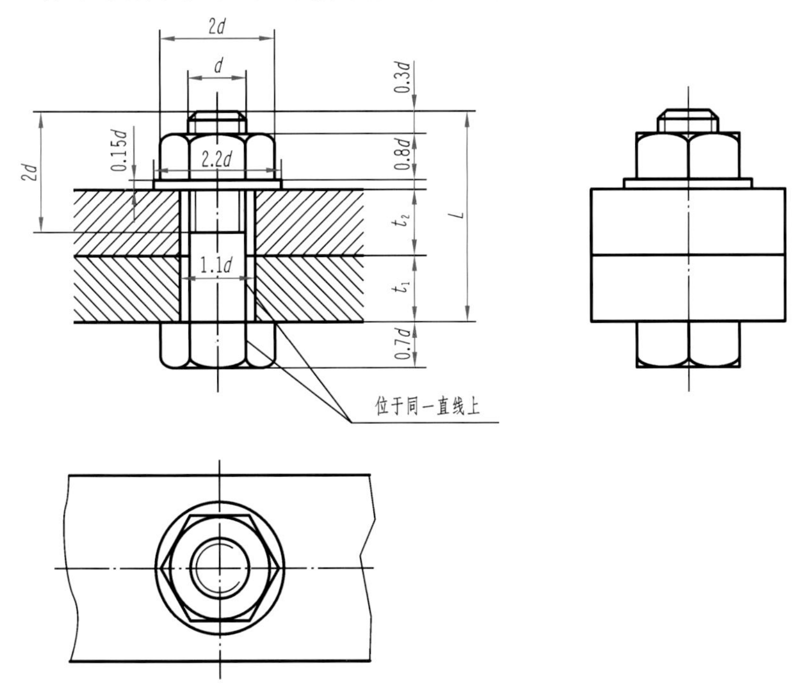


图 A502.3-4　比例法

## 链接知识 A502.4 双头螺柱连接画法

当两块被连接件中有一块较厚或不宜用螺栓连接时，常采用双头螺柱连接画法。与螺柱连接配合使用的常有垫圈、螺母。

**1. 装配示意**

先在较厚的被连接件上加工出盲孔，在另一块较薄的连接件上加工出通孔(1.1$d$)。连接时，将螺柱的旋入端全部旋入较厚的被连接件的螺纹盲孔内，再套上另一块较薄的连接件，最后放上垫圈，拧紧螺母，完成螺柱连接。

**2. 规定画法**

(1) 由于螺柱的旋入端必须全部旋入厚连接件的螺纹盲孔内，画图时要将该连接关系表达正确，螺栓旋入端的螺纹终止线必须与两被连接件的接触面平齐。

(2) 螺柱连接画法中，螺柱、垫圈、螺母仍然按不剖画图。

(3) 由于较薄的被连接件通孔的孔径为 1.1$d$，在与大径为 $d$ 的螺柱连接端配合时，为表示两者尺寸不同，两条轮廓线之间留有间隙，如图 A502.4-1(b)所示。

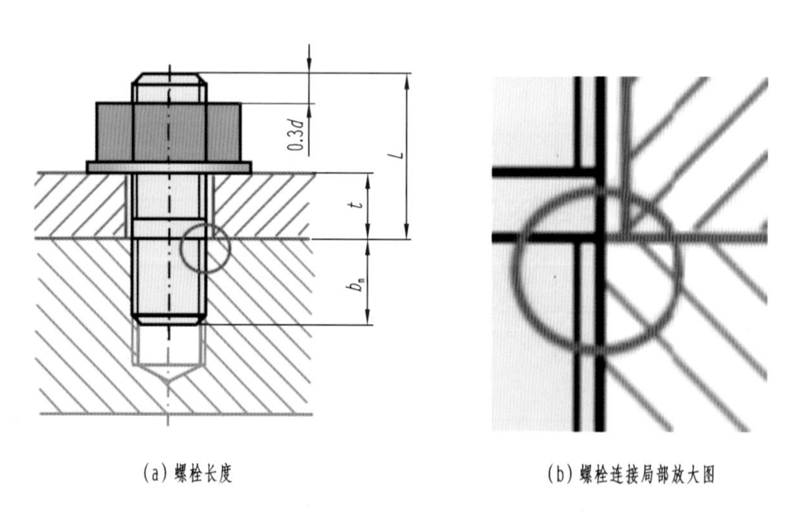


(a) 螺栓长度　　(b) 螺栓连接局部放大图

图 A502.4-1　螺柱的规格

**3. 绘图步骤**

按照装配顺序绘图，步骤如图 A502.4-2 所示。

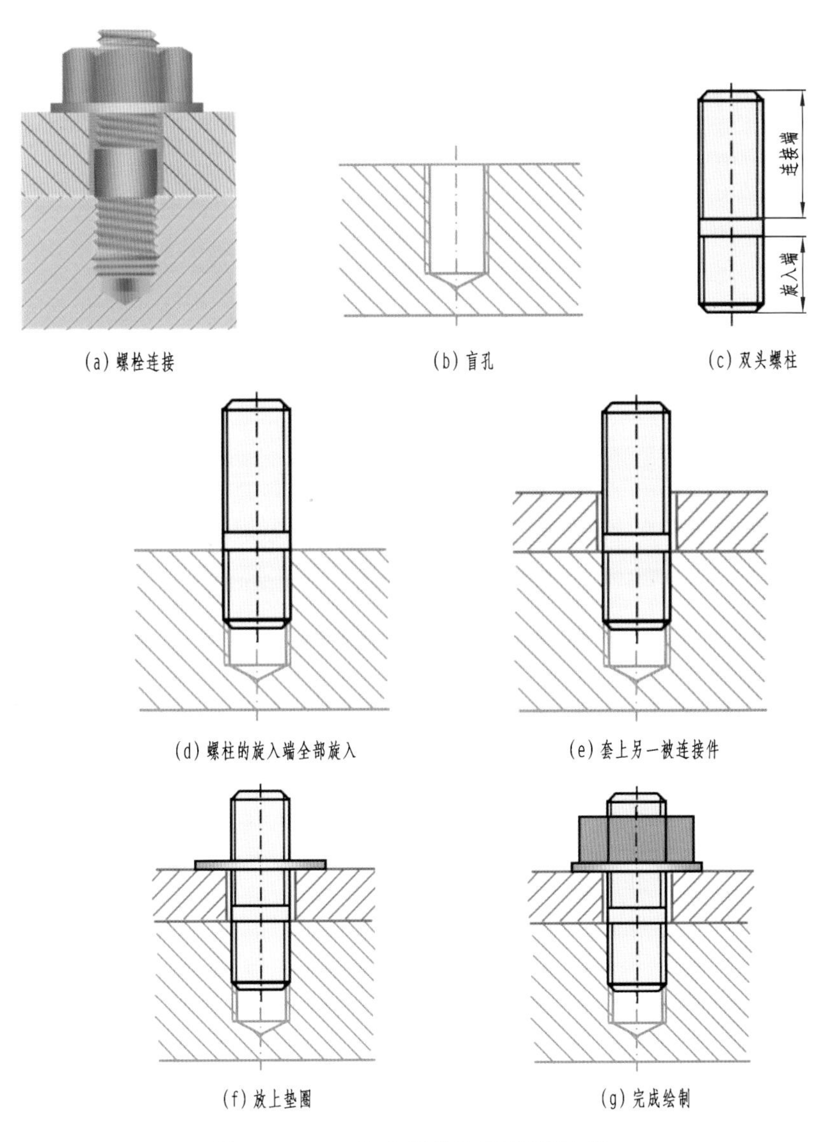


(a) 螺栓连接　(b) 盲孔　(c) 双头螺柱

(d) 螺柱的旋入端全部旋入　(e) 套上另一被连接件

(f) 放上垫圈　(g) 完成绘制

**图 A502.4-2　双头螺柱连接过程及画法**

**4. 有效长度的选用**

螺柱的总长度 $=L+b_m$，其中，$L=t+0.15d$(垫圈厚度)$+0.8d$(螺母厚度)$+0.3d$；$b_m$ 为螺柱旋入端的螺纹有效长度，该参数由带螺孔的厚连接件的材料决定，四种规格如下：

GB/T 897—1988　$b_m=1d$　用于铜和青铜

GB/T 898—1988　$b_m=1.25d$　用于铸铁

GB/T 899—1988　$b_m=1.5d$　用于铸铁或铝合金

GB/T 900—1988　$b_m = 2d$　　　用于铝合金

**5. 绘图尺寸**

同样采用比例法绘图，如图 A502.4-3 所示。

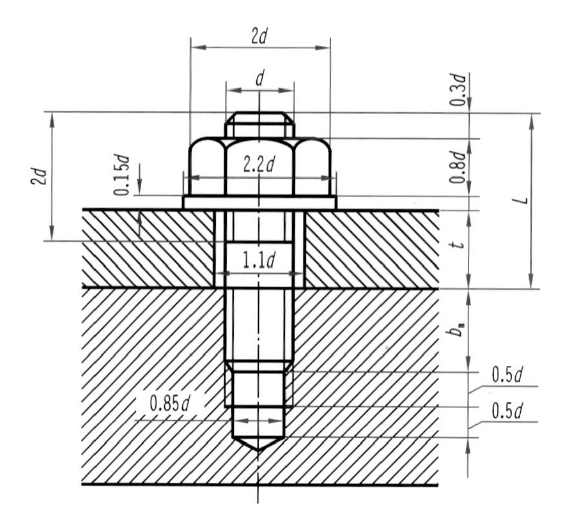


**图 A502.4-3　螺柱连接比例法**

## 链接知识 B203.1 螺纹连接的预紧和防松

### 1. 预紧

螺纹连接中的连接件在承受工作载荷之前就拧紧称为预紧，预紧时所加的作用力称为预紧力。预紧是为了增强连接的可靠性、密封性和防松能力。重要的螺纹连接的预紧力需要控制，这是因为预紧力的大小对螺纹连接的可靠性、密封性均有很大影响。

一般连接预紧力的大小通常靠经验来控制，预紧时应尽量避免采用一把活扳手拧各种规格的螺栓的做法。对于重要的连接，要使用测力矩扳手（见图 B203.1-1）或定力矩扳手来控制预紧力的大小。

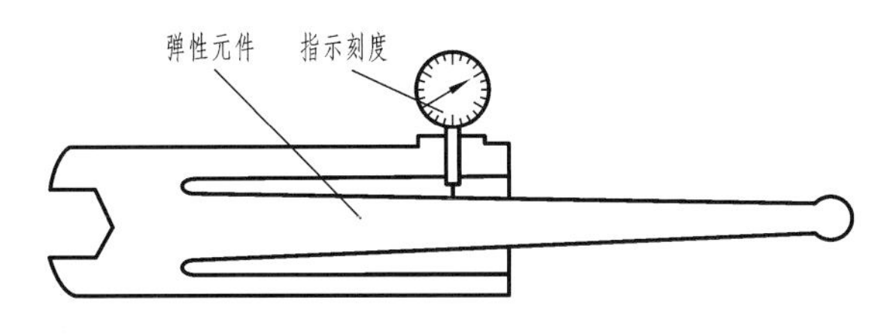


图 B203.1-1　测力矩扳手

为准确达到预紧力 $F_0$，施加到扳手上的力矩 $T$ 可按照下式计算：

$$T=0.2F_0d$$

式中，$d$ 为螺纹大径。

若无严格的测力措施，为防止由于拧紧力矩过大将螺栓拉断，不宜采用小于M12～M16 的螺栓。

### 2. 防松

防松即防止螺旋副的相对转动。虽然在静载荷和温度变化不大的情况下，螺纹连接的自锁是可靠的，但在冲击、振动、变载及温度变化大的情况下，就会出现瞬时丧失预紧力、不能自锁而产生自动松脱的现象，所以，设计螺纹连接时必须考虑防松问题。

按防松工作原理，防松方式可分为摩擦防松、机械防松、永久防松三大类。

1）摩擦防松

这类防松在螺旋副上施加一种不随外载荷而变化的压力，使螺旋副上产生较大的附加摩擦力。但这种方法不十分可靠，故通常只应用在对防松要求不严格的地方。常用的形式是使用弹簧垫圈和双螺母。

弹簧垫圈防松如图 B203.1-2 所示，形状像一圈弹簧，拧紧螺母后，弹簧垫圈被压平，螺纹副间保持有较大压力，从而有较大摩擦力防止松脱。另外，弹簧垫圈为左旋方向，这样垫圈切口尖角也有防止螺母松扣的作用，但弹簧垫圈的尖角也可能刮伤接触表面。此法结构简单，使用方便，应用较广。

双螺母防松如图 B203.1-3 所示，在螺栓上拧两个螺母，两螺母对顶拧紧，两螺母间的一段螺栓内产生附加拉应力，这一应力不受外载荷的影响，这使螺母与螺杆间保持有较大的摩擦力，起到防松的作用。双螺母结构简单，但重量大，外廓尺寸大，只适用于低速机械，目前应用也较少。

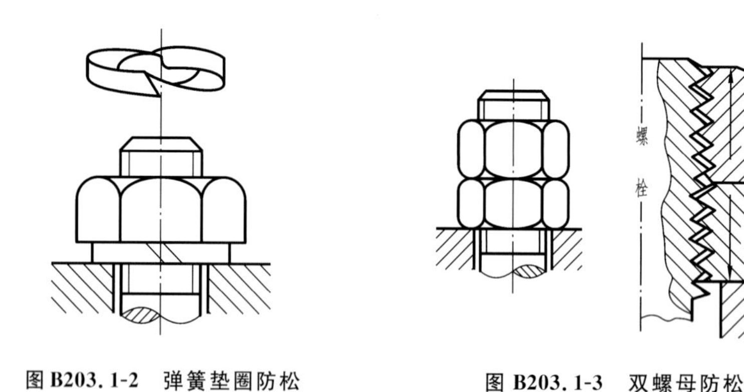


图 B203.1-2　弹簧垫圈防松　　图 B203.1-3　双螺母防松

2）机械防松

用机械装置将螺母与螺栓连成一体。这种方法可靠，应用较广。常用的形式是使用开口销和止退垫圈。

开口销防松如图 B203.1-4 所示，将开口销穿过槽型螺母的槽和螺栓的横孔，再分开开口销尾部，使螺栓和螺母成为一体。这种装置工作可靠，装拆方便，故用于有振动的高速机械上。

止退垫圈防松如图 B203.1-5 所示，止退垫圈有内翅和外翅，内翅和螺栓卡成一体，外翅弯折到圆螺母的沟槽中与螺母成为一体。止退垫圈使螺栓和螺母成一体，达到防松的目的。图 B203.1-6 所示的为单独使用的止动垫圈，其一边弯到螺母的侧边上，另一边弯到被连接件上，使螺母不能退扣。但要注意螺栓相对螺母松脱。

3）永久防松

螺母拧紧后，破坏螺纹副使螺母不能转动，但除粘合法外，利用其余永久止动方法防松的螺纹副拆卸困难。常用方法如图 B203.1-7 所示。

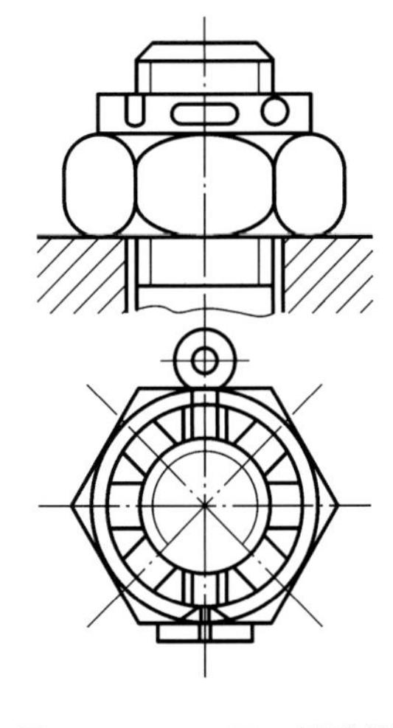

图 B203.1-4　开口销防松

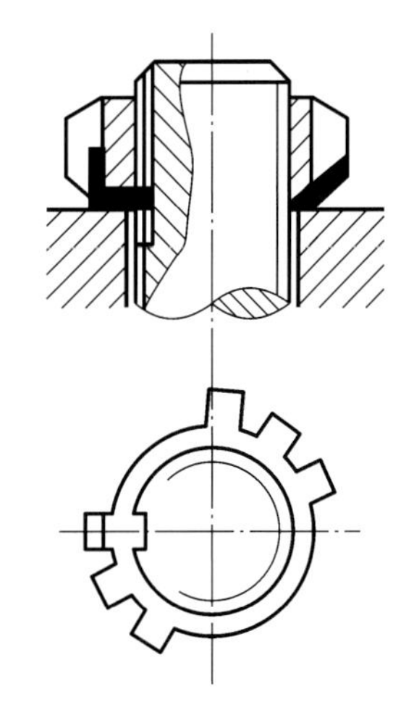

图 B203.1-5　止退垫圈防松

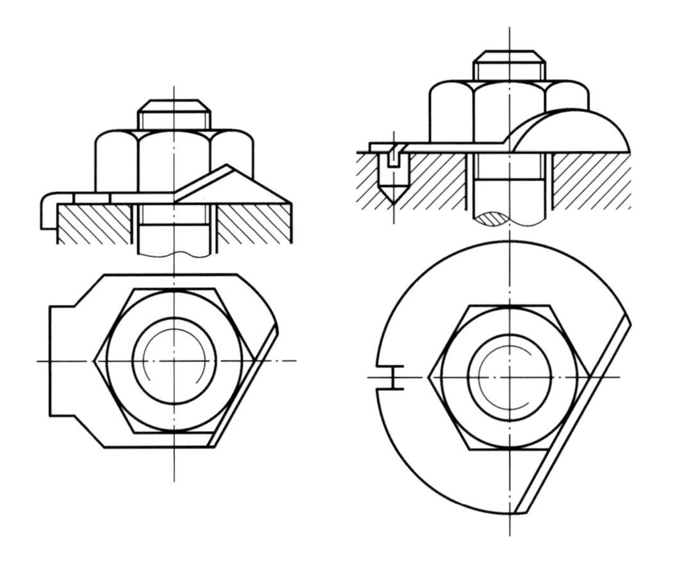

图 B203.1-6　止动垫圈防松

【探究交流】

请说明图 B203.1-8 所示的双头螺柱连接中的 5 处错误画法。

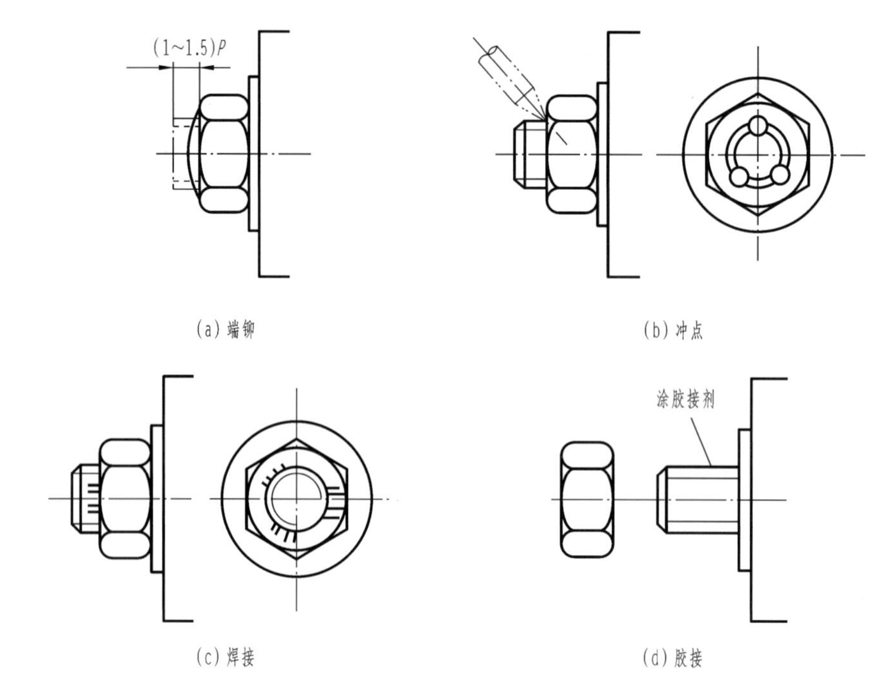


图 B203.1-7　永久止动方法防松

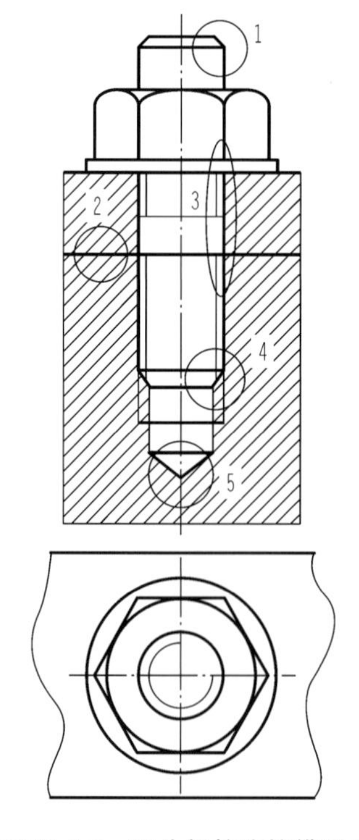


图 B203.1-8　双头螺柱连接错误示例

# 链接知识 G108 常用拆装工具

## 1. 活动扳手

扳手是一种常用的安装与拆卸工具，分为死扳手和活扳手，通常用碳素结构钢或合金结构钢制造。活动扳手简称活扳手，其开口宽度可在一定范围内调节，其是用来紧固和松开不同规格的螺母和螺栓的一种工具。活动扳手由头部和柄部（手柄）构成，头部由活扳唇、呆扳唇、蜗轮和轴销构成，如图 G108-1 所示。旋转蜗轮可调节扳口的大小。活动扳手的规格以长度×最大开口宽度（单位：mm）表示。电工常用的尺寸有 150 mm ×19 mm（6 寸）、200 mm×24 mm（8 寸）、250 mm×30 mm（10 寸）和 300 mm×36 mm（12 寸）。

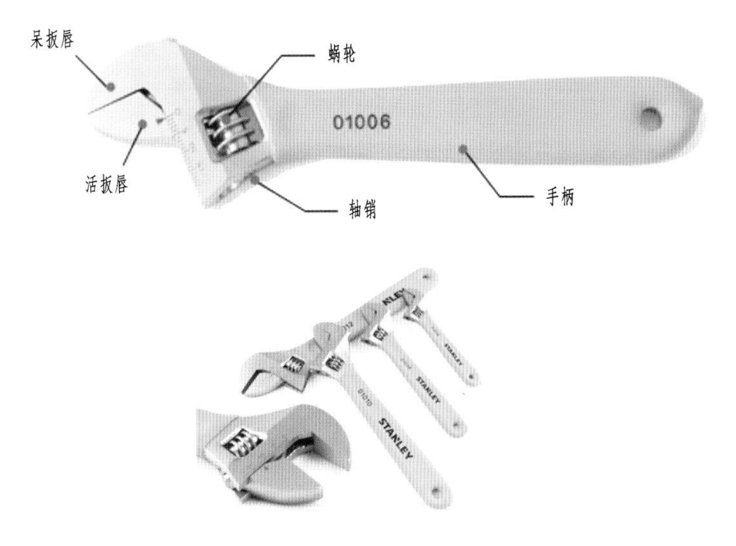


图 G108-1　活动扳手

活动扳手是维修工人的常用工具，其开口可以在一定的范围内进行调节，使用起来很方便，其不但可用于标准的公制螺栓和英制螺栓，而且还可用于某些自制的非标准螺栓。

使用要求如下。

(1) 活动扳手不能当撬杠和锤子使用。

(2) 根据螺母的大小，选用适当规格的活动扳手，可避免扳手过大损伤螺母，或螺母过大损伤扳手。

（3）使用时，用两手指旋动蜗轮以调节扳口的大小，将扳口调得比螺母稍大些，卡住螺母，再用手指旋动蜗轮紧压螺母，即令扳唇正好夹住螺母，否则扳口容易打滑，这样既会损伤螺母，也有可能碰伤手指。

（4）在需要用力的场合使用活动扳手时，活扳唇应靠近身体使用，有利于保护蜗轮和轴销不受损伤。禁止反向使用，以免损坏活扳唇。

（5）使用时，右手握手柄。手越靠后，扳动起来越省力。扳动小螺母时，因需要不断地转动蜗轮调节扳口的大小，所以手应握在靠近呆扳唇的部位，并用大拇指调制蜗轮，以适应螺母的大小。

（6）活动扳手的扳口夹持螺母时，呆扳唇在上，活扳唇在下，如图 G108-2 所示。活扳手切不可反过来使用。在扳动生锈的螺母时，可在螺母上滴几滴煤油或机油，这样就好拧动了。在拧不动时，切不可将钢管套在活络扳手的手柄上来增加扭力，因为这样极易损伤活扳唇。

**图 G108-2　活动扳手使用示意图**

**2. 螺钉旋具**

螺钉旋具是一种用来拧转螺丝以使其就位的常用工具，其通常有一个薄楔形头，可插入螺钉头的槽缝或凹口内，如图 G108-3 所示。根据规格标准，顺时针方向旋转为旋紧，逆时针方向旋转则为松开(极少数情况下相反)。使用螺钉旋具时，将螺钉旋具的端头对准螺钉的顶部凹槽，对好固定后开始旋转手柄即可松紧螺钉。

螺钉旋具按不同的头型可以分为一字、十字、米字、星型(电脑)、方头、六角头、Y 型头的等，其中，一字的和十字的是生活中最常用的，六角头的用得不多，在机器上有些螺钉旋具带内六角孔。大型的星型螺钉旋具不常见，小型的星型螺钉旋具常用于拆修手机、硬盘、笔记本等，我们把小的螺钉旋具称为钟表批，常用型号有星型 T6、T8，十字 PH0、PH00。

制作螺钉旋具的材质：质量上乘的螺钉旋具的刀头是用硬度比较高的弹簧钢制成的。好的螺钉旋具应该做到硬而不脆，硬中有韧。当螺钉头开口变秃打滑时可以用锤

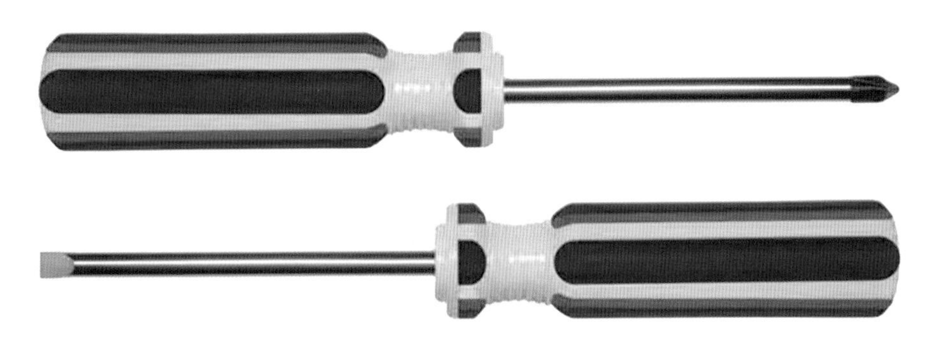

图 G108-3 螺钉旋具

敲击螺钉旋具，把螺钉的槽剔得深一些，便于将螺钉拧下，螺钉旋具要毫发无损。螺钉旋具常常被用来撬东西，这就要求其有一定的抗弯折能力。总体来说，希望螺钉旋具头部的硬度大于 HRC60，不易生锈。

螺钉旋具常用规格为♯2×150 mm(♯2 代表金属杆粗细是 6 mm，150 mm 代表金属杆的长度为 150 mm)；笔记本、电脑、玩具等一般选用♯0×75 mm 螺钉旋具；台式机电脑一般推荐选用♯2×150 mm 螺钉旋具。螺钉旋具务必对应槽号来选用，越是高端的螺钉旋具，对槽号的适合度要求越高，槽号过大或过小都会对螺钉旋具造成永久损伤。一般常用的是十字 6×150 mm 螺钉旋具，一字 5×150 mm 螺钉旋具。

### 3. 拉码

拉码，又称拉爪器，是机械维修中经常使用的一种工具。主要用来将轴承从轴上沿轴向拆卸下来，如图 G108-4 所示。

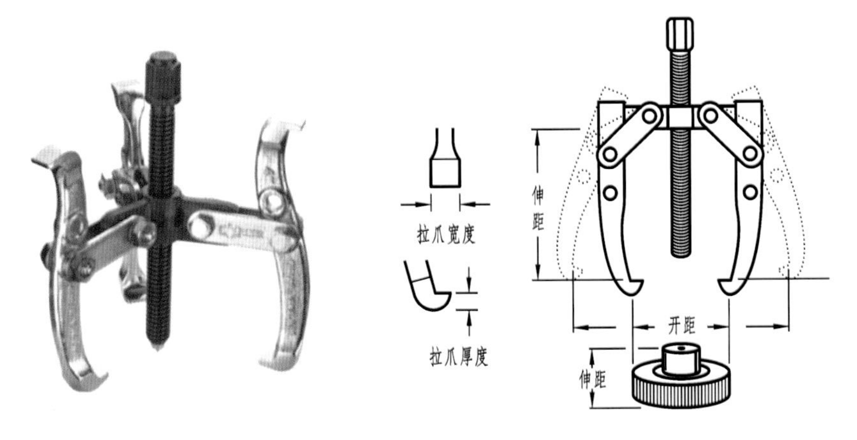


图 G108-4 拉码

拉码主要由旋柄、螺旋杆和拉爪构成，其有两爪的和三爪的，其主要尺寸为拉爪长度、拉爪间距、螺杆长度，以适应不同直径及不同轴向安装深度的轴承。使用时，将螺杆顶尖定位于轴端顶尖孔，调整拉爪位置，使拉爪钩于轴承外环，旋转旋柄使拉爪带动轴承沿轴向向外移动拆除。

**4. 内六角扳手**

内六角扳手也叫艾伦扳手。它通过施加扭矩对螺丝作用，大大降低了使用者的用力强度，是工业、制造业中不可或缺的得力工具，如图 G108-5 所示。

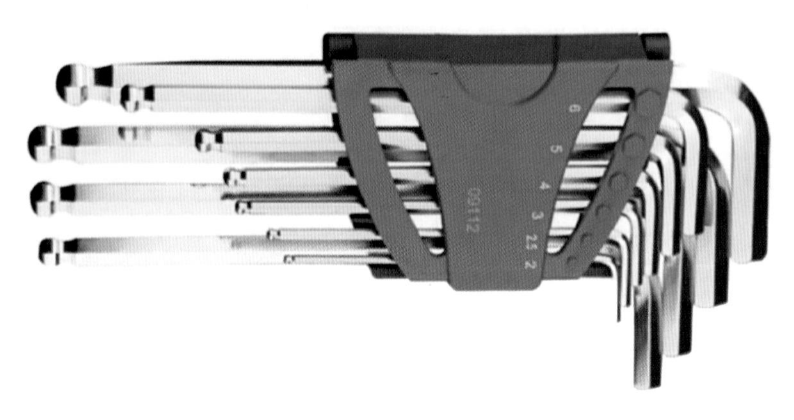


图 G108-5　内六角扳手

**5. 木锤与铜锤**

木锤为木制锤子，铜锤为紫铜锤子，敲击时可起到对产品的表面保护作用，可用于零件装配、通风管道(镀锌板)安装等，如图 G108-6 所示。

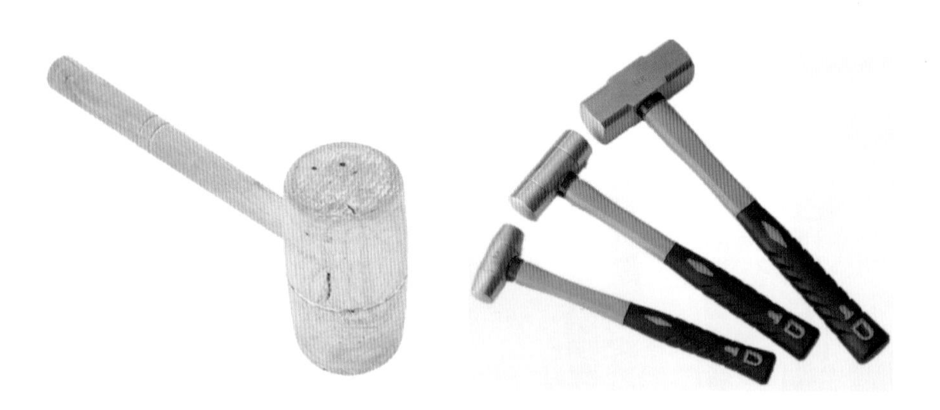

图 G108-6　木锤与铜锤

**6. 拆装注意事项**

(1) 拆装设备前必须初步了解设备结构。

(2) 应正确使用量具测量。

(3) 拆装设备时，要运用好工具，不能使用蛮力。

(4) 文明拆装、切忌盲目。

(5) 应记录拆装顺序，拆下的零部件要妥善安放好。

(6) 禁止用铁器直接击打加工表面和配合表面。

(7) 爱护工具和设备，轻拿轻放，操作要认真，特别要注意手脚安全。

# 链接知识 G401 认识减速器

减速器是一种封闭在刚性壳体内的由齿轮传动、蜗杆传动、齿轮-蜗杆传动所组成的独立部件，其常用作原动件与工作机之间的减速传动装置。在原动机和工作机或执行机构之间起匹配转速和传递转矩的作用，在现代机械中应用极为广泛，如图 G401-1 所示。

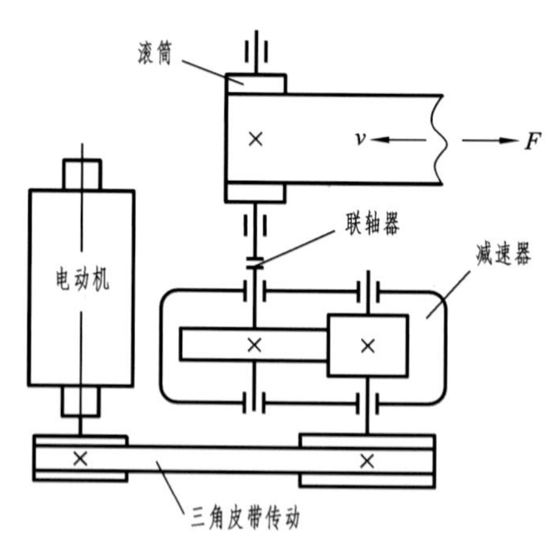


图 G401-1　减速器及其安装示意图

减速器是国民经济诸多领域的机械传动装置，行业涉及的产品类别包括各类齿轮减速器、行星齿轮减速器及蜗杆减速器，也包括各种专用传动装置，如增速装置、调速装置，以及包括柔性传动装置等各类复合传动装置等。产品服务领域涉及冶金、煤炭、建材、船舶、水利、电力、工程机械及石化等行业。

齿轮减速器具有体积小、传递扭矩大的特点。齿轮减速器在模块组合体系基础上设计制造，有极多的电机组合、安装形式和结构方案，传动比分级细密，满足不同的使用工况，可实现机电一体化。齿轮减速器传动效率高、能耗低、性能优越。

### 1. 减速器各部件

减速器各部件（见图 G401-2）的名称、位置和用途、润滑和密封方式，以及轴系部件的调整方法如表 G401-1 所示。

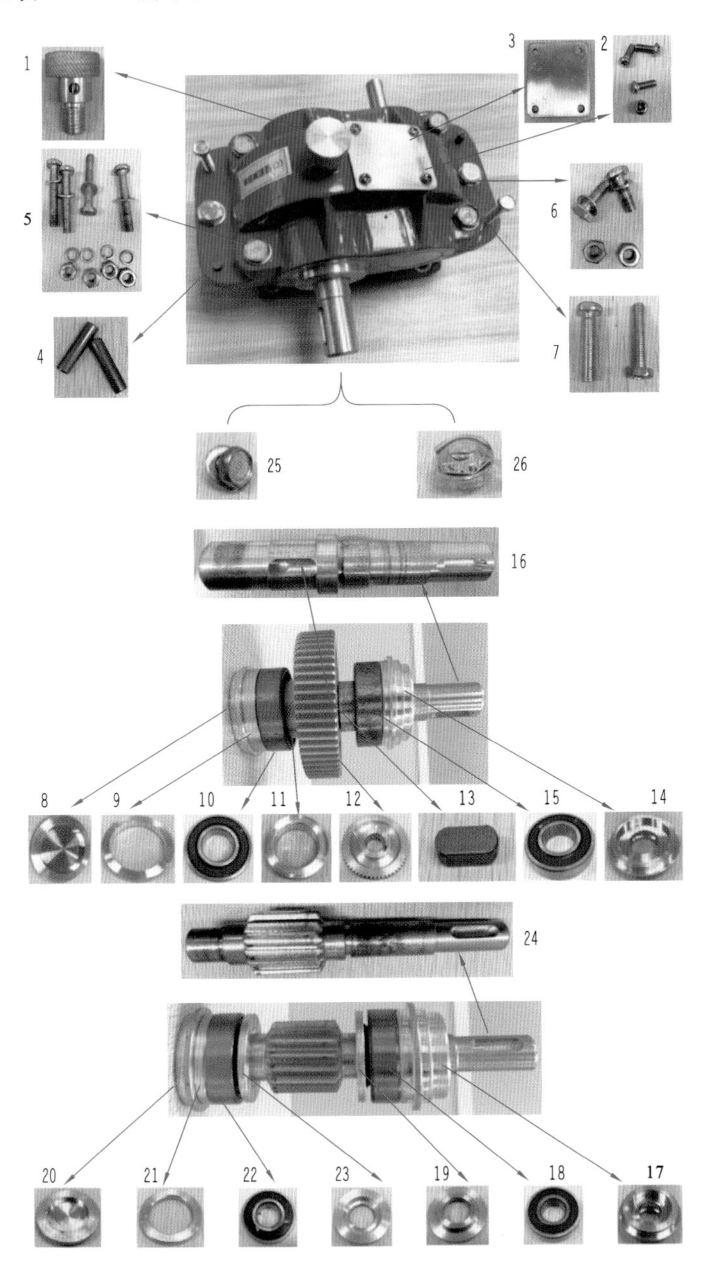


图 G401-2　减速器各部件

表 G401-1　减速器各部件

<table>
<tr><th>序号</th><th>名称</th><th>位置和用途、润滑和密封方式，以及轴系部件的调整方法</th></tr>
<tr><td>1</td><td>通气螺塞</td><td>减速器运转时，由于摩擦发热，机体内温度升高，气压增大，导致润滑油从缝隙向外渗漏。所以多在机盖（箱盖）顶部或窥视孔盖上安装通气螺塞，使机体内热涨气体自由逸出，从而使机体内外气压相等，提高机体有缝隙处的密封性能</td></tr>
<tr><td>2</td><td>窥视孔盖螺钉</td><td rowspan="2">在减速器上部开窥视孔，可以看到传动零件啮合处的情况，以便检查齿面接触斑点和齿侧间隙。润滑油也由此注入机体内。窥视孔上有盖板，以防止污物进入机体内和润滑油飞溅出来</td></tr>
<tr><td>3</td><td>窥视孔盖</td></tr>
<tr><td>4</td><td>定位销</td><td>为了保证轴承座孔的安装精度，在将机盖和机座用螺栓连接后，在镗孔之前装上两个定位销，销孔应尽量远些以保证定位精度。如机体结构是对称的（如蜗杆传动机体），则销孔不应对称布置</td></tr>
<tr><td>5</td><td>轴承旁连接螺栓</td><td rowspan="2">紧固箱盖和箱座</td></tr>
<tr><td>6</td><td>箱盖连接螺栓</td></tr>
<tr><td>7</td><td>启盖螺钉</td><td>机盖与机座结合面上常涂有水玻璃或密封胶，它们连接后结合较紧，不易分开。为便于取下机盖，在机盖凸缘上常装有1～2个启盖螺钉，在启盖时，可先拧动此螺钉顶起机盖。在轴承端盖上也可以安装启盖螺钉，以便于拆卸端盖</td></tr>
<tr><td>8</td><td>轴承盖</td><td>为固定轴系部件的轴向位置并承受轴向载荷，轴承座孔两端应用轴承盖封闭</td></tr>
<tr><td>9</td><td>轴承挡圈</td><td>与轴承外圈接触</td></tr>
<tr><td>10</td><td>深沟球轴承</td><td>6205-2RS，原名单列向心球轴承，是应用最广泛的一种滚动轴承。其特点是摩擦阻力小、转速高，能用于承受径向负荷或径向和轴向同时作用的联合负荷的机件上，也可用于承受轴向负荷的机件上</td></tr>
<tr><td>11</td><td>轴套</td><td>保证轴承和齿轮的轴向相对位置</td></tr>
<tr><td>12</td><td>齿轮</td><td>轮缘上有齿轮连续啮合传递运动和动力，齿轮与齿轮轴啮合传动</td></tr>
<tr><td>13</td><td>键</td><td>依靠键与键槽侧面的挤压来传递转矩。平键分为普通型平键、薄型平键、导向型平键、滑键四种。普通型平键对中性好，定位精度高，拆装方便，但无法实现轴上零件的轴向固定，用于高速轴或承受冲击、变载荷的轴；薄型平键用于薄壁结构和传递转矩较小的地方；导向型平键用螺钉把键固定在轴上，用于轴上零件沿轴移动量不大的场合；滑键固定在轮毂上，轴上零件带着键作轴向移动，用于轴上零件沿轴移动量较大的场合</td></tr>
</table>

续表

| 序号 | 名称 | 位置和用途、润滑和密封方式，以及轴系部件的调整方法 |
| --- | --- | --- |
| 14 | 轴承盖 | 与轴承外圈接触 |
| 15 | 深沟球轴承 | 6205-2RS |
| 16 | 轴 | 支承转动零件并与之一起回转以传递运动、扭矩或弯矩的机械零件。一般为金属圆杆状，各段可以有不同的直径。机器中作回转运动的零件就装在轴上 |
| 17 | 轴承盖 | 与轴承外圈接触 |
| 18 | 深沟球轴承 | 6202-RS |
| 19 | 轴套 | 与轴肩和轴承内圈接触 |
| 20 | 轴承盖 | 与轴承外圈接触 |
| 21 | 轴承挡圈 | 与轴承外圈接触 |
| 22 | 深沟球轴承 | 6202-RS |
| 23 | 轴套 | 与轴肩和轴承内圈接触 |
| 24 | 齿轮轴 | 支承转动零件并与之一起回转以传递运动、扭矩或弯矩 |
| 25 | 放油螺塞 | 减速器底部设有放油孔，用于排出污油，注油前用螺塞将其堵住 |
| 26 | 油标 | 用来检查油面高度，以保证有正常的油量 |

**2. 减速器结构、功能相关问题解析**

（1）如何保证箱体支撑具有足够的刚度？

在轴承孔附近加支撑肋。

（2）轴承座两侧的上下箱体连接螺栓应如何布置？

轴承座的连接螺栓应尽量靠近轴承座孔。

（3）支撑该螺栓的凸台高度应如何确定？

采用方便放置连接螺栓的高度，同时要保证旋紧螺栓时需要的扳手空间。

（4）如何减轻箱体的重量和减少箱体的加工面积？

箱体的底座可以不采用完整的平面。

（5）减速器的附件，如吊钩、定位销、启盖螺钉、油标、放油螺塞和注油孔等各起何作用？

吊钩：当减速器重量超过 25 kg 时，在箱体内设置起吊装置，以便于搬运。

定位销：保证每次拆装箱盖时，仍保持轴承座孔制造加工时的精度。

启盖螺钉：为加强密封效果，装配时通常在箱体剖分面上涂以水玻璃或密封胶，但

会很难拆装。为此，常在箱盖连接凸缘的适当位置，设置 1～2 个螺孔，并旋入启盖螺钉，旋动启盖螺钉便可将上箱盖顶起。

油标：用于检查减速器内油池面的高度，经常保持油池内有适量的油。一般在箱体内便于观察、油面较稳定的部位，装设油标。

放油螺塞：为了换油时能排放污油和清洗剂，应在箱座底部、油池的最低位置处开设放油孔，平时用螺塞将放油孔堵住。螺塞和箱体结合面间应加防漏垫圈。

注油孔：用于检查传动零件的啮合情况，并可在此向箱体内注入润滑油，应在箱体的适当位置设置注油孔。注油孔应设在上箱盖顶部能直接观察到齿轮啮合的部位。平时注油孔的盖板用螺钉固定在箱盖上。

(6) 各传动轴轴向安装与定位方式是怎样的？

传动轴轴向安装采用平键连接，轴上零件利用轴肩、轴套和轴承盖作轴向固定。

(7) 轴承是如何进行润滑的？如箱座的结合面上有油沟，则箱盖应采取怎样的结构才能使箱盖上的油进入油沟？

轴承可利用齿轮旋转时溅起的稀油进行润滑。箱座中油沟的润滑油，被旋转的齿轮飞溅到箱盖的内壁上，沿内壁流到分箱面坡口后，从导油槽流入轴承。

### 3. 滚动轴承的拆卸

轴承的拆卸如图 G401-3 所示。

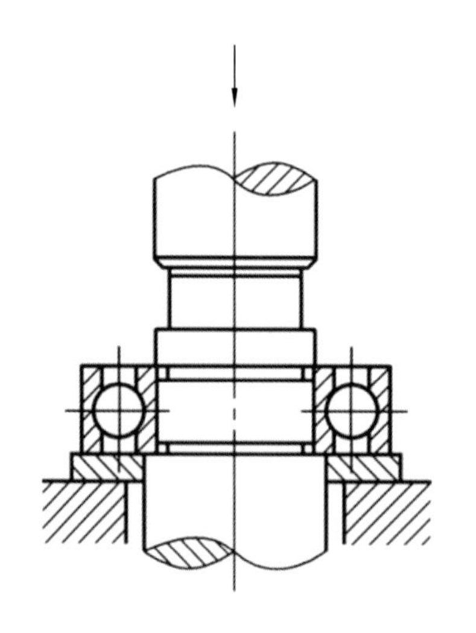

(a) 借助用压力拆卸圆柱孔轴承

(b) 用顶拔器拆卸滚动轴承

图 G401-3　轴承拆卸示意图

# 链接知识 G402 组装减速器

按原样将减速器装配好。装配时按先内部后外部的合理顺序进行；装配轴套和滚动轴承时，应注意方向；应注意滚动轴承的合理拆装方法。经指导教师检查后才能合上箱盖。装配上、下箱之间的连接螺栓前应先安装好定位销钉。

**1. 滚动轴承的装配方法**

常用的装配方法有套筒压装法、压力机械压装法、热装法。

当配合过盈量较小时，可用套筒压装法；将铜棒对称地垫在轴承内圈(或外圈)端面，将轴承均匀敲入。禁止直接用锤子敲打轴承座圈。

当配合过盈量较大时，可用压力机械压装法，如图 G402-1 所示，常用杠杆齿条式或螺旋式压力机。若压力不能满足还可以采用液压机装压轴承。

如果轴颈尺寸较大、过盈量也较大，为装配方便可用热装法，即将轴承放在温度为 80～100 ℃的油中加热，然后和常温状态的轴配合。内部充满润滑油脂、带防尘盖或密封圈的轴承，不能采用热装法装配。

**2. 装配前的准备工作**

(1) 按所要装配的轴承准备好所需的工具和量具。

(2) 按要求检查与轴承相配的零件是否有凹陷、毛刺、锈蚀和固体微粒等，并用煤油等清洗零件，待零件干后涂一层薄油。

(3) 检查轴承型号与图样是否一致，并清洗轴承。

**3. 螺栓的安装**

螺栓的拧紧程度和次序对其装配质量有着直接的影响。

对于一般螺栓的拧紧，只要连接件不松动就可以了。对于垫片、填料结构的螺栓拧紧，应按有先有后、对称均匀、轮流拧紧的原则进行。当每根螺栓都拧紧得力后，应检查法兰是否歪斜，测量法兰之间的间隙是否一致，以便纠正。然后对称轮流拧紧螺栓，拧紧量要小，每次为 1/4～1/2 圈，一直拧到所需要的预紧力为止。要特别注意不要拧得过紧，以免压坏垫片，一般以拧到不漏为准。最后检查法兰间隙，其间隙应一致并保持在 2 mm 以上。

螺栓紧固原则如下。

(1) 先中间、后两边、对角、分阶段紧固，如图 G402-2 所示。

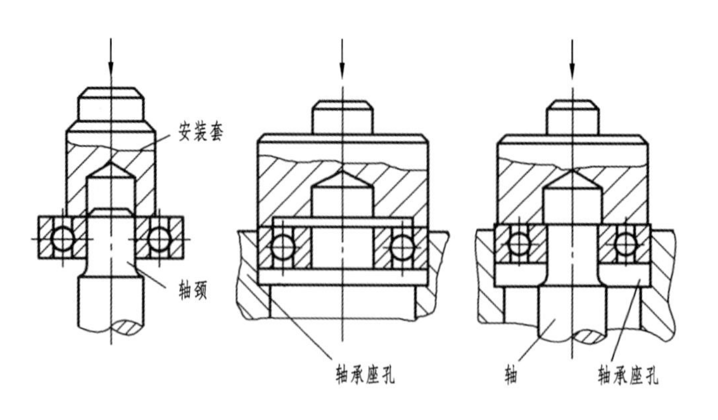

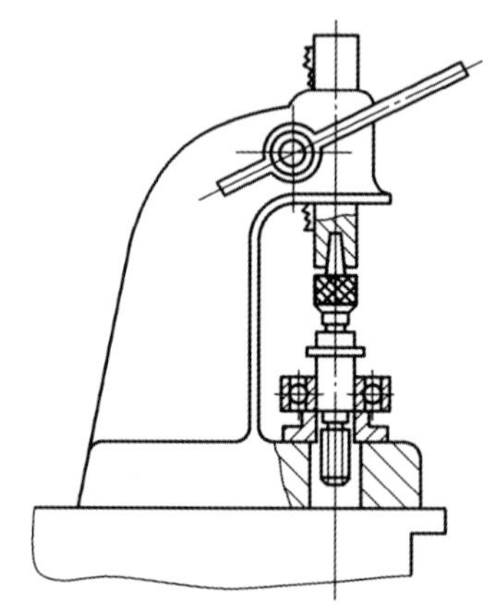

图 G402-1　压力机械压装法

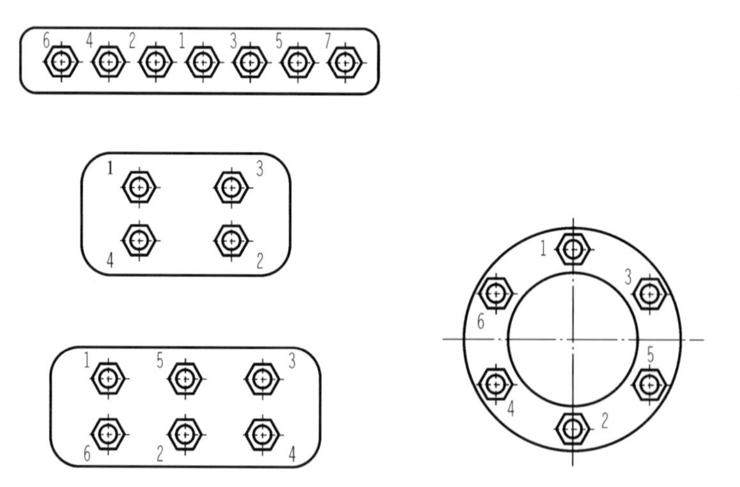

图 G402-2　螺栓紧固原则示意图

（2）一般分两段紧固：第一步拧 50％左右的力矩；第二步拧 100％的力矩。

（3）螺栓末端应露出螺纹外 1～3 个螺距。

# 链接知识 A403 断面图

断面图与剖视图的区别在于，剖视图绘制的是“体”的投影，而断面图绘制的是“面”的投影。

假想用剖切面将机件的某处切断，仅画出断面的投影，这种视图称为断面图，简称断面。如图 A403-1 所示，视图表达了机件圆柱面上键槽的形状，断面图表达了其键槽的深度。

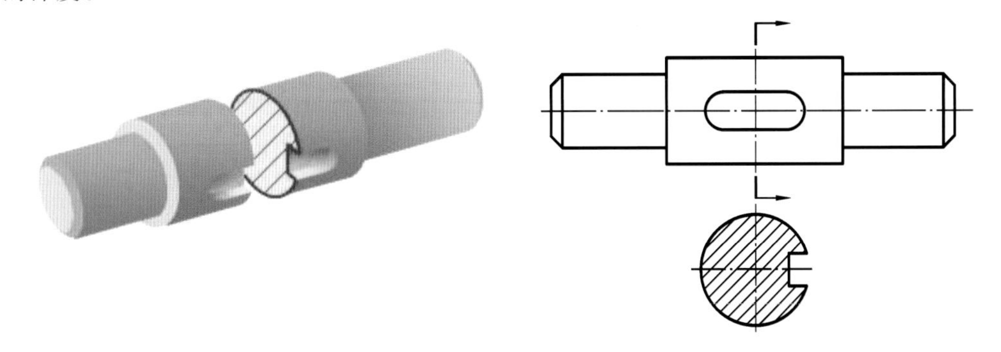

图 A403-1　断面图

断面图与剖视图均采用假想的剖切面剖切机件，但绘制的图形有本质上的区别。

画在视图之外的断面图，称为移出断面图。移出断面图中的轮廓线必须用粗实线绘制。如图 A403-2 所示，图中共有三幅移出断面图。

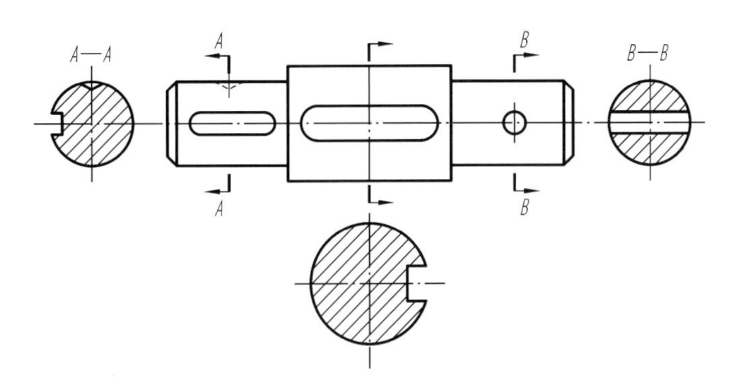


图 A403-2　移出断面图

移出断面图绘图注意事项如下。

（1）移出断面应尽量配置在剖切符号或剖切线的延长线上。必要时可以类似向视图配置在其他适当的地方，如图 A403-2 中的 $A-A$、$B-B$ 断面图所示。

（2）当剖切面通过回转面形成的孔或凹坑的轴线时，这些结构均按剖视绘图，即同时绘出剖方的元素，如图 A403-2 中 $A-A$、$B-B$ 断面图中的小椎坑和小圆孔。当剖切面通过非圆孔，导致出现完全分离的两个断面时，这些结构也应按剖视绘制，如图 A403-3 所示。

（3）用两个或多个相交的剖切面剖切得出的移出断面，中间一般应断开，如图 A403-4 所示，断面图仅表示厚度，其特征形状另有图形表示。

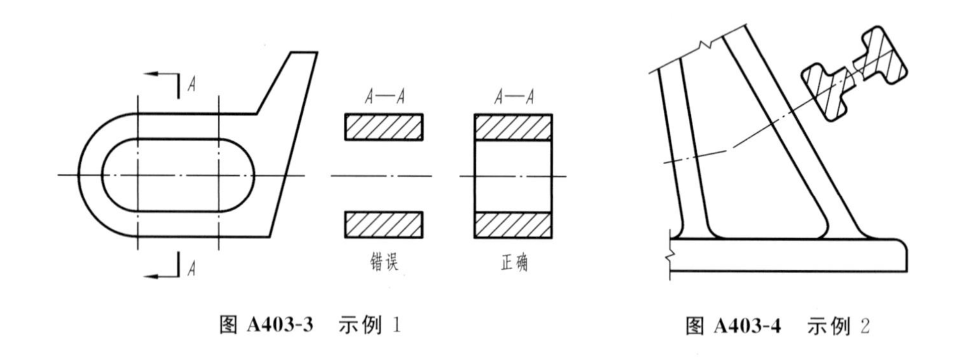


**图 A403-3**　示例 1　　**图 A403-4**　示例 2

画断面图时，应将剖切的断面绕剖切符号旋转 90°重合在图面上，并标注旋转的方向，如图 A403-5(a)所示。当断面图以剖切面对称时，旋转方向可省略，如图 A403-45(b)所示。

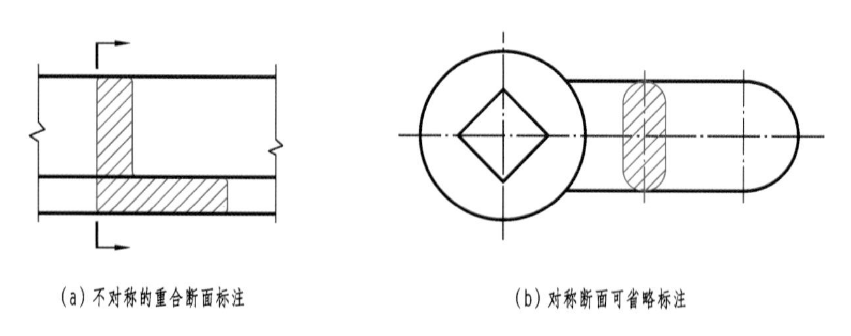

(a) 不对称的重合断面标注　　(b) 对称断面可省略标注

**图 A403-5**　重合断面图

# 链接知识 C101 零件互换性术语及其定义

**1. 互换性**

1）互换性的概念

若在统一规格的一批零件（或部件）中，不经选择、修配或调整，任取其一，都能装在机器上达到规定的功能要求，则这些零件具有互换性。例如，如图 C101-1 所示，一批螺纹标记为 M10-6H 的螺母，如果都能与 M10-6g 的螺栓自由旋合，并且满足设计的连接要求可靠性要求，则这批螺母就具有互换性。

**图 C101-1　互换性实例**

在现代工业生产中常采用专业化的协作生产，即用分散制造、集中装配的办法来提高生产率，保证产品质量和降低成本。要实行专业化生产保证产品具有互换性，必须采用互换性生产原则。

现代化的机械零件具有互换性，才有可能将一台机器中的成千上万个零部件，进行高效率的、分散的、专业化的生产，然后集中起来进行装配。因此，互换性原则的应用已成为提高生产水平和促进技术进步的强有力的手段之一，其主要作用如下。

从设计方面来看，零部件具有互换性，就可以最大限度地采用标准件、通用件和标准部件，这大大简化了绘图和计算工作，缩短了设计周期，有利于计算机辅助设计和产品品种的多样化。

从制造方面来看，大量应用的标准件可由专门车间或工厂单独生产，因产品单一、数量多、分工细，可使用高效率的专用设备，进而采用计算机辅助加工，提高产量和质量，并显著降低生产成本。装配时，由于零部件具有互换性，不需辅助加工，装配过程能够持续而顺利地进行，可减轻装配工作的劳动量，缩短装配周期，从而可采用流水线作业方式，乃至进行自动化装配，这可促进生产自动化的发展，明显提高效率。

从使用和维修方面来看，若零件具有互换性，则零件在磨损或损坏、丢失后，可立即用另一个新的储备件代替（如汽车或拖拉机的活塞、活塞销、活塞环等就是这样的备件），这样不仅维修方便，还可使机器或仪器的维修时间和费用显著减少，保证机械产品工作的持久性和连续性，从而延长产品的使用寿命，使产品的使用价值显著提高。

总之，满足互换性在提高产品质量和可靠性、提高经济效益等方面具有重要的意义，它已成为现代化机械制造业中一个普遍遵守的原则，对我国的现代化建设起着重要作用。但是，应当注意，互换性原则不是在任何情况下都适用，当只有采取单个配制才符合经济原则时，零件就不能互换。

2）互换形式分类

（1）按使用场合。

内互换：标准部件内部各零件间的互换性称为内互换。

外互换：标准部件与其相配件间的互换性称为外互换。

对于滚动轴承，外环外径与机座孔、内环内径与轴颈的配合为外互换；外环、内环滚道直径与滚动体间的配合为内互换。

（2）按互换程度。

完全互换：亦称绝对互换，零件既不需辅助加工和修配，亦不需选择，即可实现互换。采用完全互换方式可使大批量生产中的装配工作简单化，省工省时，还可使成本降低，并保证质量稳定，在使用维修过程中换零件方便。但有时这会使零件公差变小，加工困难，甚至无法加工。

不完全互换：零部件在装配时需要选配（但不能进一步加工）才能装成具有规定功能的机器。提出不完全互换是为了降低零件制造成本。在机械装配时，当机器装配精度要求很高时，如采用完全互换会使零件公差太小，造成加工困难，成本高。这时应采用不完全互换方式，将零件的制造公差放大，并利用选择装配的方法将相配件按尺寸大小分为若干组，然后按组相配，即大孔和大轴相配，小孔和小轴相配。同组内的各零件能实现完全互换，组间则不能互换。为了制造方便和降低成本，内互换零件应采用不完全互换。但是为了使用方便，外互换零件应实现完全互换。

不具有互换性：需要加工才能装配完成规定功能的零件称为不具有互换性。一般高精密零件需要相互配合的两个零件配作或对研才能完成其功能。

（3）按互换目的。

装配互换：规定几何参数公差达到装配要求的互换称为装配互换。

功能互换：既规定几何参数公差，又规定机械物理性能参数公差达到使用要求的互换称为功能互换。

上述的内互换和外互换、完全互换和不完全互换皆属装配互换。装配互换的目的在于保证产品精度，功能互换的目的在于保证产品质量。

3）几何量的误差与几何量的测量

几何误差：零件在加工过程中受某种因素的影响而产生的误差称为几何误差。

公差：几何误差及其控制范围，称为公差。

几何量的测量：对零件的测量是保证互换性生产的一个重要手段。完工后的零件是否满足公差要求，要通过检测加以判断，检测包含检验与测量。检验是确定零件的几何参数是否在规定的极限范围内，并作出合格性判断，而不必得出被测量的具体数值；测量是将被测量与作为计量单位的标准量进行比较，以确定被测量的具体数值的过程。意义：检测不仅用来评定产品质量，还用于分析产生不合格品的原因，以让相关人员及时调整生产，监督工艺过程，从而预防废品产生。检测是机械制造的"眼睛"。产品质量的提高，除依赖设计和加工精度的提高外，往往更依赖于检测精度的提高。

合理地确定公差与正确进行检测，是保证产品质量、实现互换性生产的两个必不可少的条件和手段。

4）公差标准和标准化

定义：对零件的公差和相互配合所制定的标准称为公差标准。

要实现互换性，就要严格按照统一的标准进行设计、制造、装配、检验等。

为适应科学发展和组织生产的需要，在产品质量、品种规格、零部件通用等方面，规定统一的技术标准，叫标准化。标准化可分国际或全国范围的标准化及工业部门的标准化。

标准化是实现现代化的重要手段之一，也是反应现代化水平的重要标志之一；标准化是组织现代化生产的一个重要手段，是实现专业化协调生产的必要前提。

按照标准设计的公差，加工检测一批同一规格的零件，装配时不用选配、调整，就能装配成一台设备，并且在这台设备某个零件失效时，再拿一个同规格的换上去，就可保证零件和设备的一切性能，也就是说，标准化是为了同一规格的零部件具有互换性而做的。图 C101-2 所示的为当今社会标准的分级。

### 2. 基本术语及其定义

1）孔和轴

一般情况下，孔和轴是指圆柱形的内、外表面，如图 C101-3 所示。而在极限与配合的相关标准中，孔的定义更为广泛。

孔通常指工件各种形状的内表面，包括圆柱形内表面，也包括由单一尺寸形成的非圆柱形包容面（尺寸之间无材料）。在加工过程中，孔越加工尺寸越大。

轴通常指工件各种形状的外表面，包括圆柱形外表面和其他由单一尺寸形成的非圆柱形被包容面（尺寸之间无材料）。在加工过程中，轴越加工尺寸越小。

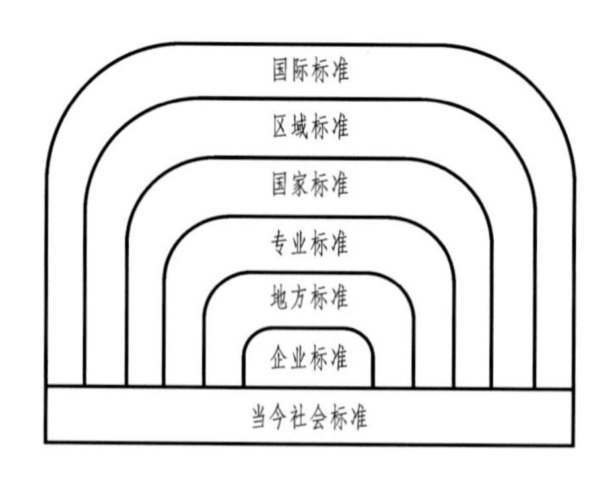


**图 C101-2　当今社会标准的分级**

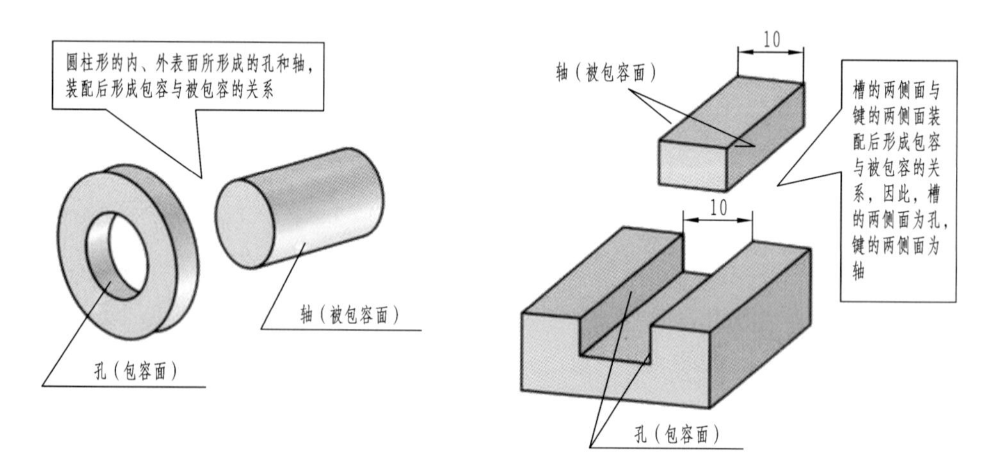


**图 C101-3　孔和轴**

2）尺寸的术语及其定义

（1）尺寸。

尺寸是用特定长度单位和角度单位表示的数值。它可在技术图样上用图线、符号和技术要求表示出来。

尺寸包括直径、半径、宽度、深度、高度及中心距等的尺寸，其由数字和特定单位两部分组成，如 50 mm、60 μm 等。

机械制图国家标准中规定，机械图样上的尺寸通常以 mm 为单位，仅标注数值，即以 mm 为单位时，可省略单位的标注。采用其他单位时，必须在数值后注写单位。

（2）公称尺寸。

公称尺寸由设计给定，设计时可根据零件的使用要求，通过计算、实验或类比的方法，经过标准化后确定。由图样规范确定的理想形状要素的尺寸、标准规定及设计时给定的尺寸称为公称尺寸，公称尺寸可以是一个整数，也可以是一个小数。

国家标准规定：大写字母表示与孔有关的代号，小写字母表示与轴有关的代号。孔的公称尺寸用“$D$”表示，轴的公称尺寸用“$d$”表示。

(3) 实际尺寸。

通过测量获得的尺寸称为实际尺寸。由于存在测量误差，实际尺寸并非尺寸的真值。实际尺寸包括零件毛坯的实际尺寸，零件加工过程中工序间的实际尺寸和零件制成后的实际尺寸。

由于工件存在着形状误差，所以不同部位的提取组成要素的局部尺寸不完全相同，如图 C101-4 所示。孔的提取组成要素的局部尺寸用 $D_a$ 表示，轴的用 $d_a$ 表示。

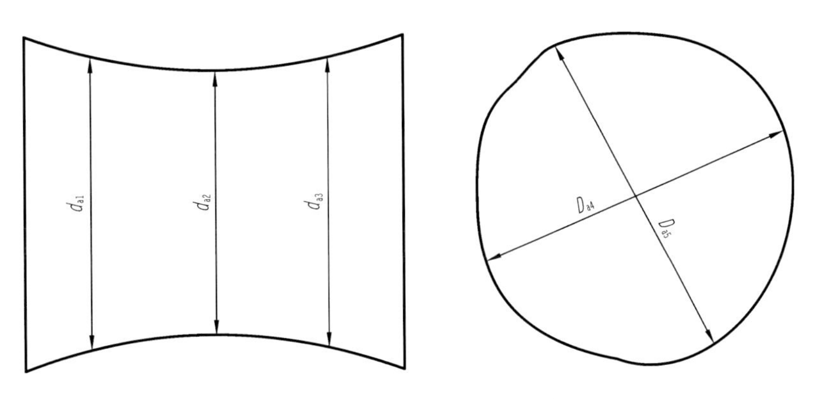


**图 C101-4　孔、轴的实际尺寸**

(4) 极限尺寸。

允许尺寸变化的两个界限值称为极限尺寸。允许的最大尺寸成为上极限尺寸（或最大极限尺寸），允许的最小尺寸称为下极限尺寸（或最小极限尺寸）。

在机械加工中，由于存在各种因素形成的加工误差，要把统一规格的零件加工成同一尺寸是不可能的。从使用角度来讲，也没有必要把统一规格的零件加工成同一尺寸，只需要将零件的实际尺寸控制在一个具体的范围内，就能满足使用要求。这个范围由上述两个极限尺寸确定，如图 C101-5 所示。

**3. 偏差**

尺寸偏差（简称偏差）是指某一尺寸减其公称尺寸所得的代数差。由于尺寸有极限尺寸、实际尺寸之分，因此偏差可分为极限偏差和实际偏差。

1) 极限偏差

极限偏差指极限尺寸减其公称尺寸所得的代数差。

由于极限尺寸有最大极限尺寸和最小极限尺寸之分，极限偏差又可分为上偏差和下偏差，如图 C101-6 所示。

上偏差：最大极限尺寸减其公称尺寸所得的代数差，孔和轴的上极限偏差分别用符号 ES 和 es 表示。

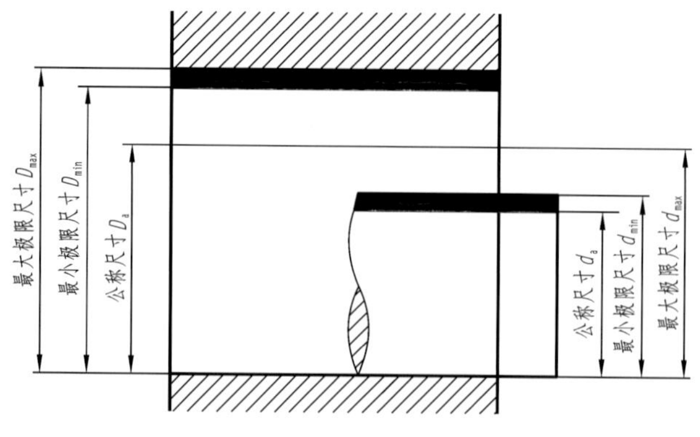


**图 C101-5　极限尺寸公差带图**

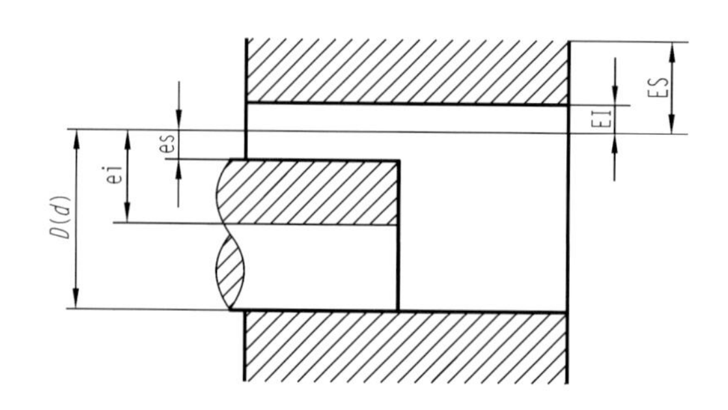


**图 C101-6　极限偏差**

$$ES=D_{max}-D$$

$$es=d_{max}-d$$

下偏差:最小极限尺寸减其公称尺寸所得的代数差,孔和轴的下极限偏差分别用符号 EI 和 ei 表示。

$$EI=D_{min}-D$$

$$ei=d_{min}-d$$

**例 1**　如图 C101-7 所示,已知某孔公称尺寸为 $\phi$80 mm,最大极限尺寸为 $\phi$80.052 mm,最小极限尺寸为 $\phi$80.005 mm,则其上偏差、下偏差各是多少?

$$ES=D_{max}-D=80.052-80=+0.052\ (mm)$$

$$EI=D_{min}-D=80.005-80=+0.005\ (mm)$$

**例 2**　如图 C101-8 所示,已知某轴公称尺寸为 $\phi$70 mm,最大极限尺寸为 $\phi$70.043 mm,最小极限尺寸为 $\phi$69.996 mm,则其上偏差、下偏差各是多少?

$$es=d_{max}-d=70.043-70=+0.043\ (mm)$$

$$ei=d_{min}-d=69.996-70=-0.004\ (mm)$$

注意,偏差可以为正值、负值或零值。计算时应注意偏差的正负,正负号应一起代

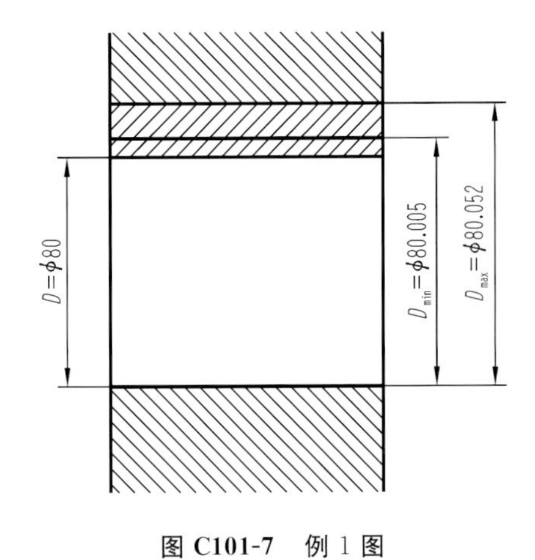


**图 C101-7　例 1 图**

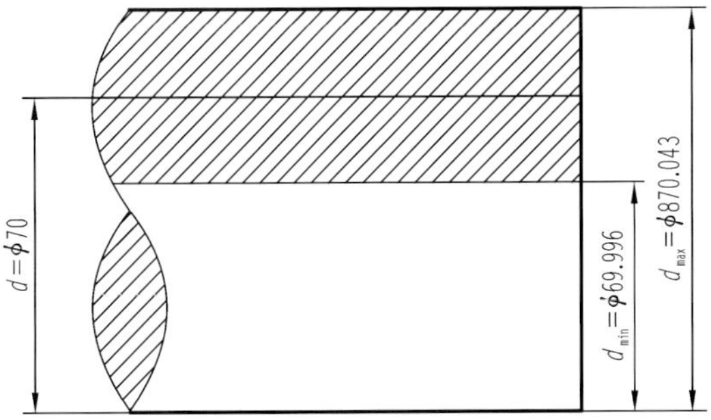

**图 C101-8　例 2 图**

到计算式中运算。

上、下偏差在图纸上的标注示例为

$$\phi 30^{+0.03}_{-0.01}$$

公称尺寸偏差的五种类型为上正下正、上正下负、上负下负、上正下零、上零下负。

2）实际偏差

实际尺寸减其公称尺寸所得的代数差称为实际偏差。对于孔，有

$$\mathrm{Ea}=D_{\mathrm{a}}-D$$

对于轴，有

$$\mathrm{ea}=d_{\mathrm{a}}-d$$

零件合格条件为

$$\mathrm{EI}\leqslant\mathrm{Ea}\leqslant\mathrm{ES}$$

$$\mathrm{ei}\leqslant\mathrm{ea}\leqslant\mathrm{es}$$

因此，合格零件的实际偏差应在上、下偏差之间。

**4. 尺寸公差**

尺寸公差指允许尺寸的变动量；尺寸公差(简称“公差”)是最大极限尺寸与最小极限尺寸之差，也可为上偏差与下偏差之差。通常用 Th 表示孔的公差，用 Ts 表示轴的公差。

注意：① 公差是用绝对值定义的，没有正、负之分，在公差前面不能标“+”或“-”；② 公差不能取零。

在数值上，公差等于最大极限尺寸与最小极限尺寸代数差的绝对值：

公差=最大极限尺寸-最小极限尺寸

=上偏差-下偏差

表达式为

$$\mathrm{Th}=|D_{\max}-D_{\min}|=|\mathrm{ES}-\mathrm{EI}|$$

$$\mathrm{Ts}=|d_{\max}-d_{\min}|=|\mathrm{es}-\mathrm{ei}|$$

**5. 公差带图**

为了清晰地表达上述各量及它们之间的相互关系，一般在极限与配合公差带图中将公差和极限偏差部分放大。

不必画出孔与轴的全形，只要按照规定将有关部分放大并画出来的图示方法称为尺寸公差带图解。公差带图如图 C101-9 所示。

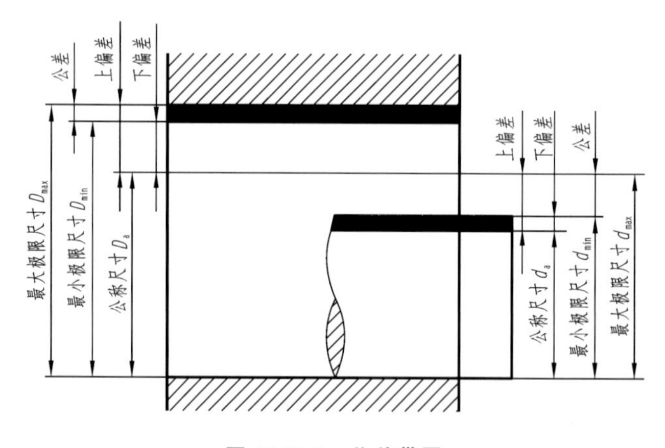


**图 C101-9　公差带图**

表示公称尺寸的一条直线称为零线。或在公差带图中，确定一偏差的一条基准线称为零线。通常，公差带图的零线水平放置，可在其左端标上“0”、“+”、“-”号，正偏差位于零线的上方，负偏差位于零线的下方，零偏差与零线重合。

在公差带图中，由代表上、下偏差的两条直线所限定的一个区域称为尺寸公差带，简称公差带，如图 C101-10 所示。

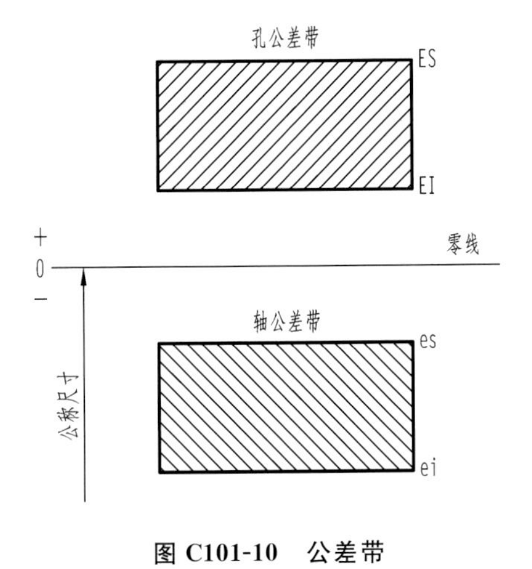


**图 C101-10　公差带**

一般在同一图中，孔和轴的公差带的剖面线的方向应该相反，且疏密程度不同。

公差带包括公差带大小与公差带位置两要素，大小由标准公差确定，位置由偏差确定。

# 链接知识 C102 标准公差和基本偏差

## 1. 标准公差

标准公差是国家标准极限与配合制中所规定的任意公差，它的数值取决于孔或轴的标准公差等级和公称尺寸，如表 C102-1 所示。

表 C102-1　IT 公差等级表

单位：mm

| 基本尺寸 | 公差等级 | | | | | | | | | | | | | | | | | | | |
|---|---|---|---|---|---|---|---|---|---|---|---|---|---|---|---|---|---|---|---|---|
| | IT01 | IT0 | IT1 | IT2 | IT3 | IT4 | IT5 | IT6 | IT7 | IT8 | IT9 | IT10 | IT11 | IT12 | IT13 | IT14 | IT15 | IT16 | IT17 | IT18 |
| 0～3 | 0.0003 | 0.0005 | 0.0008 | 0.0012 | 0.002 | 0.003 | 0.004 | 0.006 | 0.01 | 0.014 | 0.025 | 0.04 | 0.06 | 0.1 | 0.14 | 0.25 | 0.4 | 0.6 | 1 | 1.4 |
| 3～6 | 0.0004 | 0.0006 | 0.001 | 0.0015 | 0.0025 | 0.004 | 0.005 | 0.008 | 0.012 | 0.018 | 0.03 | 0.048 | 0.075 | 0.12 | 0.18 | 0.3 | 0.48 | 0.75 | 1.2 | 1.8 |
| 6～10 | 0.0004 | 0.0006 | 0.001 | 0.0015 | 0.0025 | 0.004 | 0.006 | 0.009 | 0.015 | 0.022 | 0.036 | 0.058 | 0.09 | 0.15 | 0.22 | 0.36 | 0.58 | 0.9 | 1.5 | 2.2 |
| 10～18 | 0.0005 | 0.0008 | 0.0012 | 0.002 | 0.003 | 0.005 | 0.008 | 0.011 | 0.018 | 0.027 | 0.043 | 0.07 | 0.11 | 0.18 | 0.27 | 0.43 | 0.7 | 1.1 | 1.8 | 2.7 |
| 18～30 | 0.0006 | 0.001 | 0.0015 | 0.0025 | 0.004 | 0.006 | 0.009 | 0.013 | 0.021 | 0.033 | 0.052 | 0.084 | 0.13 | 0.21 | 0.33 | 0.52 | 1.84 | 1.3 | 2.1 | 3.3 |
| 30～50 | 0.0006 | 0.001 | 0.0015 | 0.0025 | 0.004 | 0.007 | 0.011 | 0.016 | 0.025 | 0.039 | 0.062 | 0.1 | 0.16 | 0.25 | 0.39 | 0.62 | 1 | 1.6 | 2.5 | 3.9 |
| 50～80 | 0.0008 | 0.0012 | 0.002 | 0.003 | 0.005 | 0.008 | 0.013 | 0.019 | 0.03 | 0.046 | 0.074 | 0.12 | 0.19 | 0.3 | 0.46 | 0.74 | 1.2 | 1.9 | 3 | 4.6 |
| 80～120 | 0.001 | 0.0015 | 0.0025 | 0.004 | 0.006 | 0.01 | 0.015 | 0.022 | 0.035 | 0.054 | 0.087 | 0.14 | 0.22 | 0.35 | 0.54 | 0.87 | 1.4 | 2.2 | 3.5 | 5.4 |
| 120～180 | 0.0012 | 0.002 | 0.0035 | 0.005 | 0.008 | 0.012 | 0.018 | 0.025 | 0.04 | 0.063 | 0.1 | 0.16 | 0.25 | 0.4 | 0.63 | 1 | 1.6 | 2.5 | 4 | 6.3 |
| 180～250 | 0.002 | 0.003 | 0.0045 | 0.007 | 0.01 | 0.014 | 0.02 | 0.029 | 0.046 | 0.063 | 0.115 | 0.185 | 0.29 | 0.46 | 0.72 | 1.15 | 1.85 | 2.9 | 4.6 | 7.2 |
| 250～315 | 0.0025 | 0.004 | 0.006 | 0.008 | 0.012 | 0.016 | 0.023 | 0.032 | 0.052 | 0.081 | 0.13 | 0.21 | 0.32 | 0.52 | 0.81 | 1.3 | 2.1 | 3.2 | 5.2 | 8.1 |
| 315～400 | 0.003 | 0.005 | 0.007 | 0.009 | 0.013 | 0.018 | 0.025 | 0.036 | 0.057 | 0.089 | 0.14 | 0.23 | 0.36 | 0.57 | 0.89 | 1.4 | 2.3 | 3.6 | 5.7 | 8.9 |
| 400～500 | 0.004 | 0.006 | 0.008 | 0.01 | 0.015 | 0.02 | 0.027 | 0.04 | 0.063 | 0.097 | 0.155 | 0.25 | 0.4 | 0.63 | 0.97 | 1.55 | 2.5 | 4 | 6.3 | 9.7 |
| 500～630 | 0.0045 | 0.006 | 0.009 | 0.011 | 0.016 | 0.022 | 0.03 | 0.044 | 0.07 | 0.11 | 0.175 | 0.28 | 0.44 | 0.7 | 1.75 | 1.1 | 2.8 | 4.4 | 7 | 11 |
| 630～800 | 0.005 | 0.007 | 0.01 | 0.013 | 0.018 | 0.025 | 0.035 | 0.05 | 0.08 | 0.125 | 0.2 | 0.32 | 0.5 | 0.8 | 1.25 | 2 | 3.2 | 5 | 8 | 12.5 |
| 800～1000 | 0.0055 | 0.008 | 0.011 | 0.015 | 0.021 | 0.029 | 0.04 | 0.056 | 0.09 | 0.14 | 0.23 | 0.36 | 0.56 | 0.9 | 1.4 | 2.3 | 3.6 | 5.6 | 9 | 14 |
| 1000～1250 | 0.0065 | 0.009 | 0.013 | 0.018 | 0.024 | 0.034 | 0.046 | 0.066 | 0.105 | 0.165 | 0.26 | 0.42 | 0.66 | 1.05 | 1.65 | 2.6 | 4.2 | 6.6 | 10.5 | 16.5 |
| 1250～1600 | 0.008 | 0.011 | 0.015 | 0.021 | 0.029 | 0.04 | 0.054 | 0.078 | 0.125 | 0.195 | 0.31 | 0.5 | 0.78 | 1.25 | 1.95 | 3.1 | 5 | 7.8 | 12.5 | 19.5 |
| 1600～2000 | 0.009 | 0.013 | 0.018 | 0.025 | 0.035 | 0.048 | 0.065 | 0.092 | 0.15 | 0.23 | 0.37 | 0.6 | 0.92 | 1.5 | 2.3 | 3.7 | 6 | 9.2 | 15 | 23 |
| 2000～2500 | 0.011 | 0.015 | 0.022 | 0.03 | 0.041 | 0.057 | 0.077 | 0.11 | 0.175 | 0.28 | 0.44 | 0.7 | 0.11 | 1.75 | 2.8 | 4.4 | 7 | 11 | 17.5 | 28 |
| 2500～3150 | 0.013 | 0.018 | 0.026 | 0.036 | 0.05 | 0.069 | 0.093 | 0.135 | 0.21 | 0.33 | 0.54 | 0.86 | 1.35 | 2.1 | 3.3 | 5.4 | 8.6 | 13.5 | 21 | 33 |
| 3150～4000 | 0.016 | 0.023 | 0.033 | 0.045 | 0.06 | 0.084 | 0.115 | 0.165 | 0.26 | 0.41 | 0.66 | 1.05 | 1.65 | 2.6 | 4.1 | 6.6 | 10.5 | 16.5 | 26 | 41 |
| 4000～5000 | 0.02 | 0.028 | 0.04 | 0.055 | 0.074 | 0.1 | 0.14 | 0.2 | 0.32 | 0.5 | 0.8 | 1.3 | 2 | 3.2 | 5 | 8 | 13 | 20 | 32 | 50 |
| 5000～6300 | 0.025 | 0.035 | 0.049 | 0.067 | 0.092 | 0.125 | 0.17 | 0.25 | 0.4 | 0.62 | 0.98 | 1.55 | 2.5 | 4 | 6.2 | 9.8 | 15.5 | 25 | 40 | 62 |
| 6300～8000 | 0.031 | 0.043 | 0.062 | 0.084 | 0.115 | 0.155 | 0.215 | 0.31 | 0.49 | 0.76 | 1.2 | 1.95 | 3.1 | 4.9 | 7.6 | 12 | 19.5 | 31 | 49 | 76 |
| 8000～10000 | 0.038 | 0.053 | 0.076 | 0.105 | 0.14 | 0.195 | 0.27 | 0.38 | 0.6 | 0.94 | 1.5 | 2.4 | 3.8 | 6 | 9.4 | 15 | 24 | 38 | 60 | 94 |

(1) 标准公差等级及其代号。

标准公差分为 20 个等级，用符号 IT 和阿拉伯数字组成的代号表示，即用 IT01，IT0，IT1，IT2，…，IT18 表示，如图 C102-1 所示。其中，IT01 等级最高，IT18 等级最低；IT01 公差值最小，IT18 公差值最大。

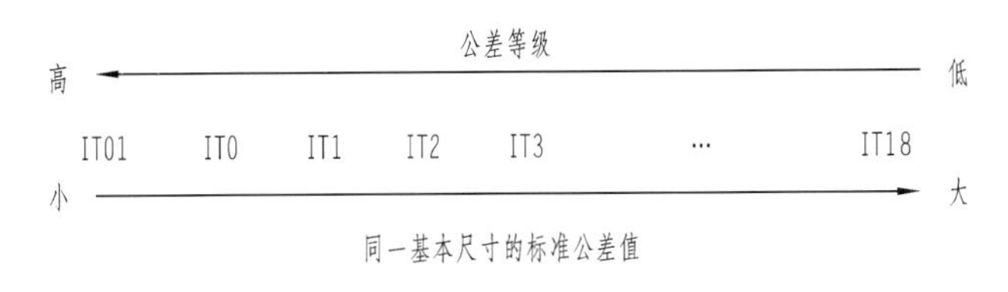


**图 C102-1　标准公差等级**

（2）公称尺寸分段。

在相同加工精度条件下（采用相同的加工设备及加工技术等），加工误差随着公称尺寸的增大而增大。

在制定标准公差数值时，对于每一个公称尺寸都可计算出一个相应的公差值。但是在实践中，公称尺寸很多，这样会形成庞大的公差数值表，既不实用，也没必要。

为了便于实现标准化，国家标准对 3150 mm 以内的公称尺寸进行分段规定。如公称尺寸 40 mm 和 50 mm 都在“30～50 mm”尺寸段，IT7 数值均为 0.025 mm。

**2. 公差等级的选用**

选用公差等级的原则是：在满足使用要求的前提下，尽可能选用较低的公差等级，以便很好地解决机器零件的使用要求与制造工艺及成本之间的矛盾。

（1）应满足工艺等价原则。

基本尺寸≤500 mm，标准公差≤IT8 时，孔比轴低一级配合；当标准公差＞IT8 或基本尺寸＞500 mm 时，推荐采用同级孔轴配合。

（2）选择公差等级既要满足设计要求，又要考虑工艺的可能性和经济性。

标准公差等级的适用范围如表 C102-2 所示，主要应用实例如表 C102-3 所示，各种加工方法与公差等级的关系如表 C102-4 所示。

表 C102-2　标准公差等级的适用范围

| 应　　用 | 公差等级/IT | | | | | | | | | | | | | | | | | | | |
|---|---|---|---|---|---|---|---|---|---|---|---|---|---|---|---|---|---|---|---|---|
| | 01 | 0 | 1 | 2 | 3 | 4 | 5 | 6 | 7 | 8 | 9 | 10 | 11 | 12 | 13 | 14 | 15 | 16 | 17 | 18 |
| 量块 | — | — | — | | | | | | | | | | | | | | | | | |
| 量规 | | | — | — | — | — | — | — | — | | | | | | | | | | | |
| 配合尺寸 | | | | | | | — | — | — | — | — | — | — | — | — | | | | | |
| 特别精密零件的配合 | | | | — | — | — | — | | | | | | | | | | | | | |
| 非配合尺寸（大制造公差） | | | | | | | | | | | | | | — | — | — | — | — | — | — |
| 原材料公差 | | | | | | | | | | — | — | — | — | — | — | — | | | | |

表 C102-3　主要应用实例

| 公差等级 | 主要应用实例 |
| --- | --- |
| IT01～IT1 | 一般用于精密标准量块。IT1也用于检验IT6和IT7级轴用量规的校对量规 |
| IT2～IT7 | 用于检验工件IT5～IT16的量规的尺寸公差 |
| IT3～IT5（孔为IT6） | 用于精度要求很高的重要配合。例如机床主轴与精密滚动轴承的配合、发动机活塞销与连杆孔和活塞孔的配合。<br>配合公差很小，对加工精度要求很高，应用较少 |
| IT6（孔为IT7） | 用于机床、发动机和仪表中的重要配合。例如机床传动机构中的齿轮与轴的配合、轴与轴承的配合、发动机中活塞与气缸、曲轴与轴承、气阀杆与导套的配合等。<br>配合公差较小，一般精密加工能够实现，在精密机械中广泛应用 |
| IT7，IT8 | 用于机床和发动机中不太重要的配合，也用于重型机械、农业机械、纺织机械、机车车辆等的重要配合。例如机床上操纵杆的支承配合、发动机中活塞环与活塞环槽的配合、农业机械中齿轮与轴的配合等。<br>配合公差中等，加工易于实现，在一般机械中广泛应用 |
| IT9，IT10 | 用于一般要求，或精度要求较高的配合。用于满足某些非配合尺寸的特殊要求，例如飞机机身的外壳尺寸 |
| IT11，IT12 | 多用于各种没有严格要求，只要求便于连接的配合。例如螺栓和螺孔、铆钉和孔等的配合 |
| IT12～IT18 | 用于非配合尺寸和粗加工的工序尺寸。例如手柄的直径、壳体的外形和壁厚尺寸，以及端面之间的距离等 |

表 C102-4　各种加工方法与公差等级的关系

| 加工方法 | 公差等级/IT | | | | | | | | | | | | | | | | | |
| --- | --- | --- | --- | --- | --- | --- | --- | --- | --- | --- | --- | --- | --- | --- | --- | --- | --- | --- |
| | 01 | 0 | 1 | 2 | 3 | 4 | 5 | 6 | 7 | 8 | 9 | 10 | 11 | 12 | 13 | 14 | 15 | 16 |
| 研磨 | — | — | — | — | — | — | — | | | | | | | | | | | |
| 珩 | | | | | | — | — | — | — | | | | | | | | | |
| 圆磨 | | | | | | — | — | — | — | — | | | | | | | | |
| 平磨 | | | | | | — | — | — | — | — | | | | | | | | |
| 金刚石车 | | | | | | | — | — | — | | | | | | | | | |
| 金刚石镗 | | | | | | | — | — | — | | | | | | | | | |
| 拉削 | | | | | | | — | — | — | — | | | | | | | | |
| 铰孔 | | | | | | | | — | — | — | — | — | | | | | | |
| 车 | | | | | | | | | — | — | — | — | — | | | | | |

续表

| 加工方法 | 公差等级/IT | | | | | | | | | | | | | | | | | |
|---|---|---|---|---|---|---|---|---|---|---|---|---|---|---|---|---|---|---|
| | 01 | 0 | 1 | 2 | 3 | 4 | 5 | 6 | 7 | 8 | 9 | 10 | 11 | 12 | 13 | 14 | 15 | 16 |
| 镗 | | | | | | | | | — | — | — | — | — | | | | | |
| 铣 | | | | | | | | | | — | — | — | — | | | | | |
| 刨、插 | | | | | | | | | | | | — | — | | | | | |
| 钻孔 | | | | | | | | | | | | — | — | — | — | | | |
| 滚压、挤压 | | | | | | | | | | | | — | — | | | | | |
| 冲压 | | | | | | | | | | | | — | — | — | — | — | | |
| 压铸 | | | | | | | | | | | | | — | — | — | — | | |
| 粉末冶金成形 | | | | | | | | — | — | — | | | | | | | | |
| 粉末冶金烧结 | | | | | | | | | — | — | — | — | | | | | | |
| 砂型铸造、气割 | | | | | | | | | | | | | | | | | | — |
| 锻造 | | | | | | | | | | | | | | | | — | | |



### 3. 基本偏差

1）定义

基本偏差用来确定公差带相对于零线位置的上偏差或下偏差，一般指最靠近零线的那个偏差。当公差带位于零线上方时，其基本偏差为下偏差，当公差带位于零线下方时，其基本偏差为上偏差。

基本偏差是新国家标准中使公差带位置标准化的唯一指标。

基本偏差既可是上极限偏差，也可是下极限偏差，对一个尺寸公差带，只能规定其中一个为基本偏差，如图 C102-2 所示。

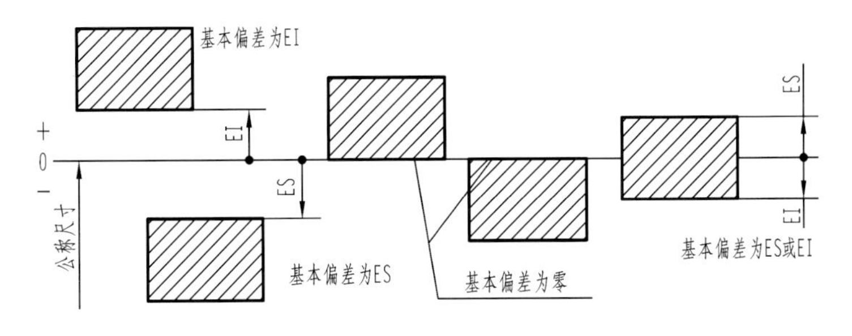


图 C102-2　基本偏差

2）基本偏差代号

基本偏差的代号用英文字母表示，大写字母代表孔的基本偏差，小写字母代表轴的基本偏差。在 26 个字母中，除去易与其他含义混淆的 I、L、O、Q、W(i、l、o、q、w)5 个字母，采用另外 21 个字母，再加上 7 个双字母 CD、EF、FG、ZA、ZB、ZC、JS(cd、ef、fg、za、zb、zc、js)，共 28 种表示方法，即孔和轴各有 28 个基本偏差。其中，JS 和 js 在各个公差等级中完全对称，如表 C102-5 所示。

表 C102-5 基本偏差代号

| | | | | | | | | | | | | | | | | | | | | | | | | |
|---|---|---|---|---|---|---|---|---|---|---|---|---|---|---|---|---|---|---|---|---|---|---|---|---|
| 孔 | A | B | C | D | E | F | G | H | J | K | M | N | P | R | S | T | U | V | X | Y | Z | | | |
| | | | | CD | | EF | FG | | JS | | | | | | | | | | | | | ZA | ZB | ZC |
| 轴 | a | b | c | d | e | f | g | h | j | k | m | n | p | r | s | t | u | v | x | y | z | | | |
| | | | | cd | | ef | fg | | js | | | | | | | | | | | | | za | zb | zc |

3）基本偏差系列图及其特征

基本偏差系列图如图 C102-3 所示，它表示公称尺寸相同的 28 种孔、轴的基本偏差

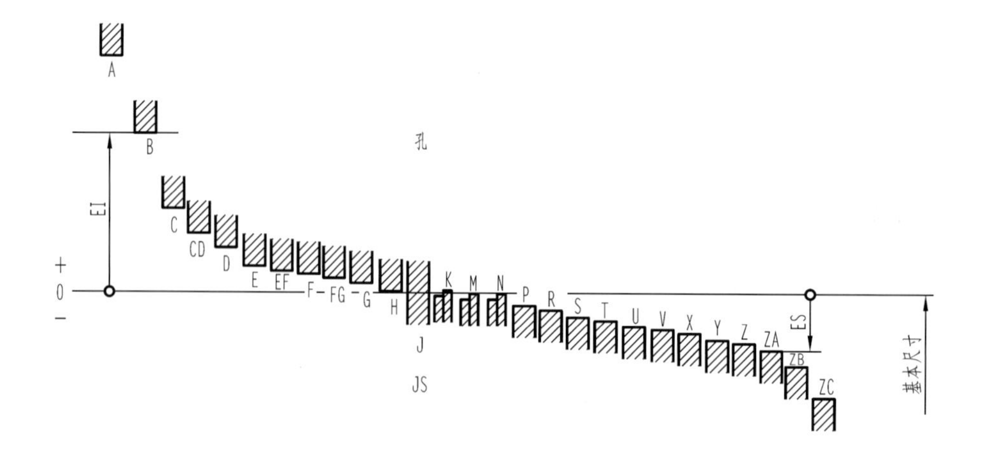


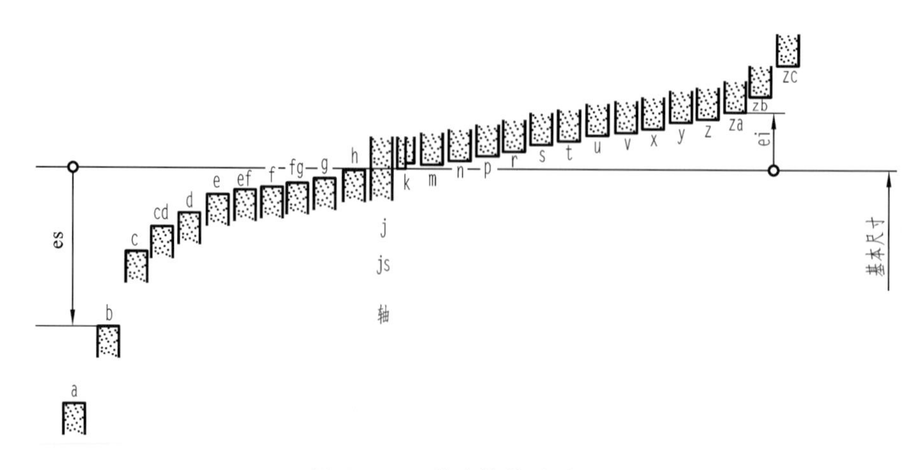


图 C102-3 基本偏差系列图

相对零线的位置关系。此图只表示公差带位置，不表示公差带大小。所以，图中公差带的一端是封闭的，它表示基本偏差，可查表确定其数值；另一端是开口的，它的位置取决于标准公差等级。

从基本偏差系列图中可以看出以下几点。

（1）孔和轴同字母的基本偏差相对于零线基本呈对称分布。轴的基本偏差从 a～h 为上极限偏差 es，h 的上极限偏差为零，其余均为负值，绝对值依次逐渐减小。轴的基本偏差从 j 至 zc 为下极限偏差 ei，除 j 和 k 的部分外（当代号为 k 且 IT≤3 或 IT≥7 时，基本偏差为零）都为正值，其绝对值依次逐渐增大。孔的基本偏差从 A～H 为下极限偏差 EI，从 J～ZC 为上极限偏差 ES，其正负号与轴的基本偏差的相反。

（2）基本偏差代号为 JS 和 js 的公差带，在各公差等级中完全对称于零线，按国家标准对基本偏差的定义，其基本偏差可为上极限偏差（数值为＋IT/2），也可为下极限偏差（数值为－IT/2）。但为统一起见，在基本偏差数值表中将 js 划归上极限偏差，将 JS 划归为下极限偏差。

（3）代号为 k、K 和 N 的基本偏差的数值随公差等级的不同而分为两种情况（K、k 可为正值或零值，N 可为负值或零值），而代号为 M 的基本偏差数值随公差等级的不同而分为三种不同的情况（正值、负值或零值）。

代号为 j、J 及 P～ZC 的基本偏差数值也与公差等级有关，在图 C102-3 中未标示出。

# 链接知识 C103 公差代号与极限偏差的确定

**1. 公差代号**

1）公差带代号

（1）孔、轴公差带代号由基本偏差代号与公差等级数字组成，如图 C103-1 所示。

例如，孔公差带代号有 H9、D9、B11、S7、T7；轴公差带代号有 h6、d8、k6、s6、u6。

（2）图样上标注尺寸公差的方法有公称尺寸与公差带代号表示；公称尺寸与极限偏差表示；公称尺寸与公差带代号、极限偏差共同表示。例如，孔 $\phi30F6$ 也可用 $\phi30^{+0.033}_{+0.02}$ 或 $\phi30F6(^{+0.033}_{+0.02})$ 表示；轴 $\phi60e7$ 也可用 $\phi60^{-0.06}_{-0.09}$ 或 $\phi60e7(^{-0.06}_{-0.09})$ 表示。

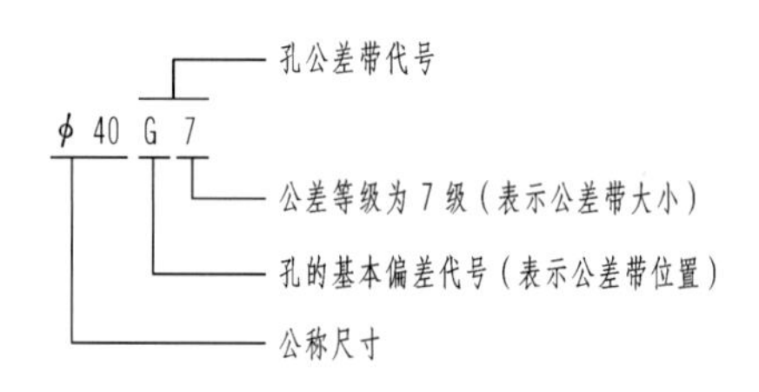


**图 C103-1　公差带代号**

2）公差带系列

公称尺寸至 500 mm 的一般、常用和优先轴公差带，如图 C103-2 所示。

**2. 孔、轴极限偏差的确定**

1）基本偏差的数值

如前所述，基本偏差确定公差带的位置，国家标准对孔和轴各规定了 28 种基本偏差，国家标准中列出了轴的基本偏差数值表和孔的基本偏差数值表。

查表时应注意以下几点。

（1）基本偏差代号有大、小写之分，大写时为孔的基本偏差数值表，小写时为轴的基本偏差数值表。

（2）查公称尺寸时，对于处于公称尺寸段接线位置上的公称尺寸该属于那个尺寸段，不要弄错。

（3）分清楚基本偏差是上极限偏差还是下极限偏差(注意上方有标识)。

（4）代号 j，k，J，K，M，N，P～ZC 的基本偏差数值与公差等级有关，查表时应根据

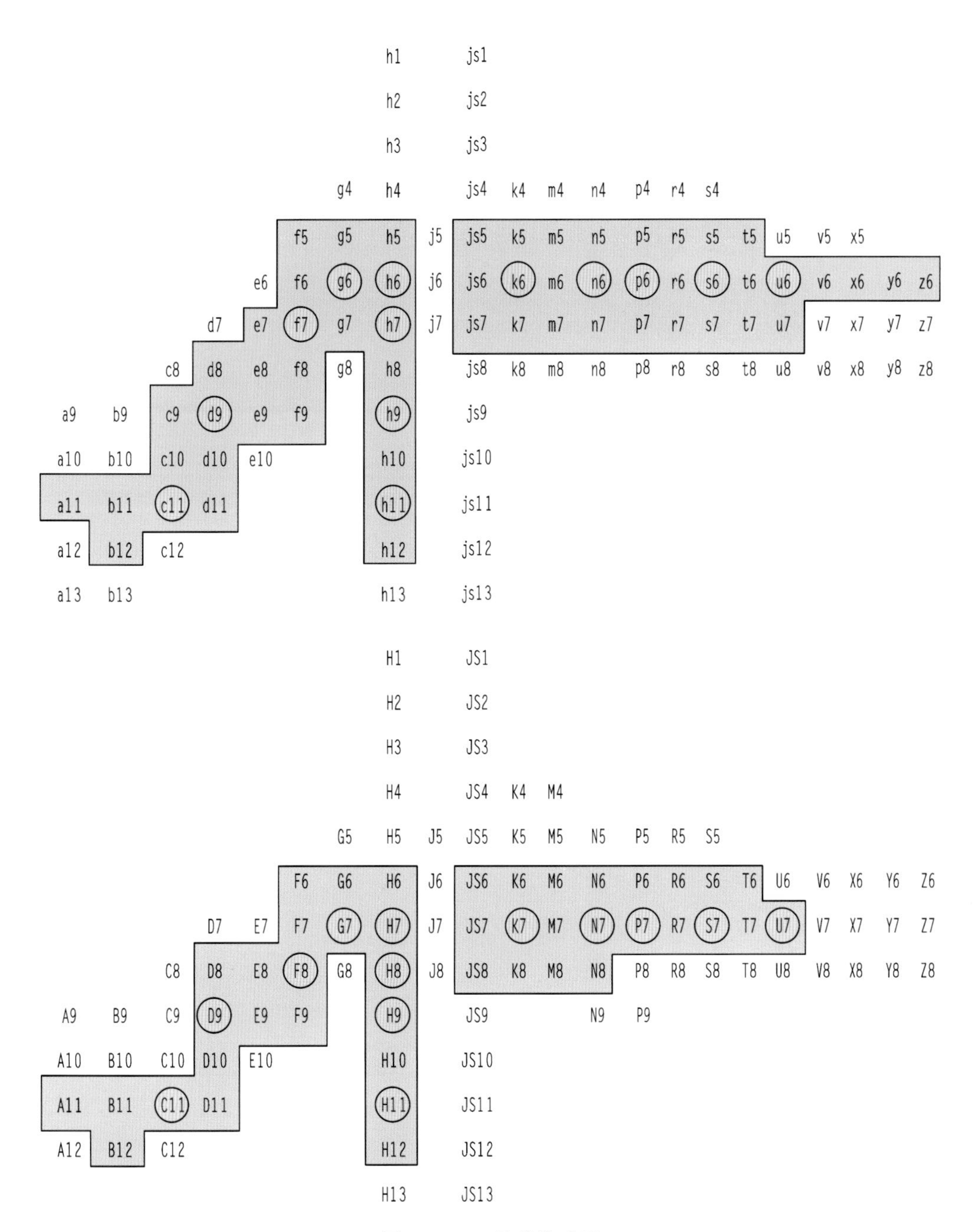


**图 C103-2 公差带系列**

基本偏差代号和公差等级查表中相应的列。

2）另一偏差的确定

基本偏差决定了公差带中的一个极限偏差，及靠近零线的那个极限偏差，从而确定了公差带的位置，而另一个极限偏差的数值，可由极限偏差和标准公差的关系式进行计算。

对于孔，有

$$es=ei+IT \quad 或 \quad ei=es-IT$$

对于轴，有

$$ES=EI+IT \quad 或 \quad EI=ES-IT$$

# 链接知识 C104 配合与配合种类

**1. 孔、轴的配合**

1）配合的基本概念

配合：公称尺寸相同，相互结合的孔、轴公差带之间的关系，称为配合。配合反映了机器上相互结合的零件间的松紧程度。

间隙或过盈：用孔的尺寸减去相配合的轴的尺寸，此差值为正时，为间隙，用 $X$ 表示；为负时，为过盈，用 $Y$ 表示，如图 C104-1 所示。

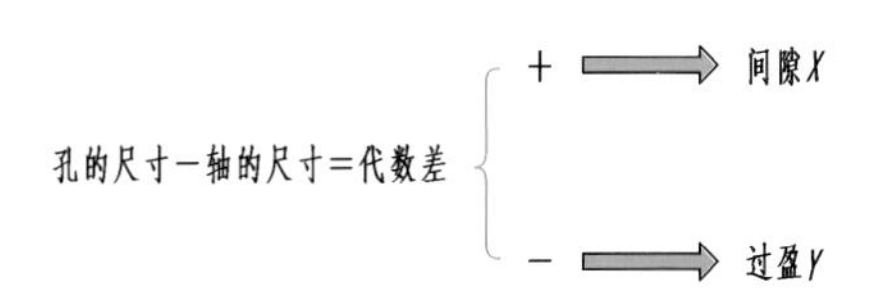


**图 C104-1　配合的基本概念**

2）配合的类别

配合的类别如图 C104-2 所示。

（1）间隙配合。

具有间隙（包括最小间隙 $X_{min}=0$）的配合称为间隙配合。此时，孔的尺寸减去相配合的轴的尺寸之差为正。孔的公差带在轴的公差带的上方。如图 C104-3 所示，对于零件而言，孔的尺寸≥轴的尺寸。其特征值是最大间隙 $X_{max}$ 和最小间隙 $X_{min}$。

孔的最大极限尺寸减去轴的最小极限尺寸所得到的代数差称为最大间隙，用 $X_{max}$ 表示：

$$X_{max}=D_{max}-d_{min}=\mathrm{ES}-\mathrm{ei}$$

孔的最小极限尺寸减去轴的最大极限尺寸所得到的代数差称为最小间隙，用 $X_{min}$ 表示：

$$X_{min}=D_{min}-d_{max}=\mathrm{EI}-\mathrm{es}$$

实际生产中，平均间隙更能体现其配合性质：

$$X_{av}=\frac{X_{max}+X_{min}}{2}$$

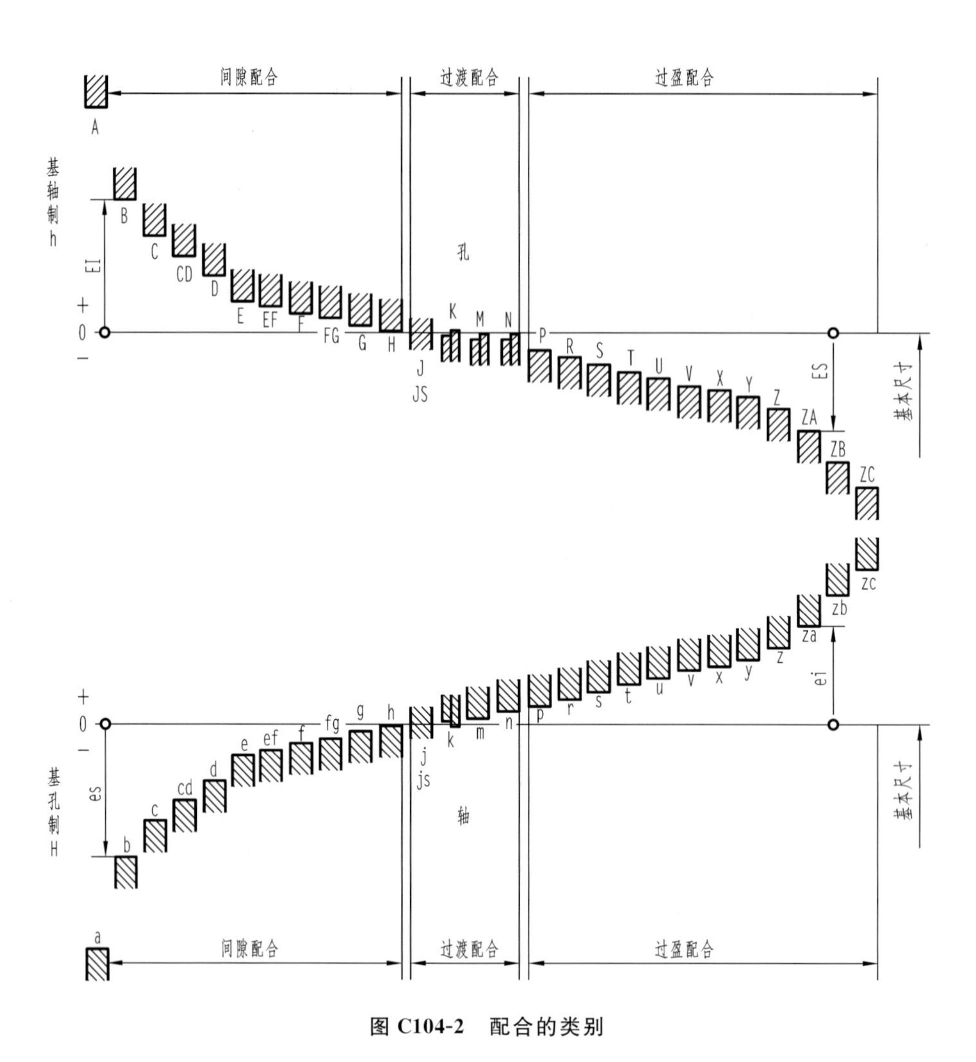


图 C104-2　配合的类别

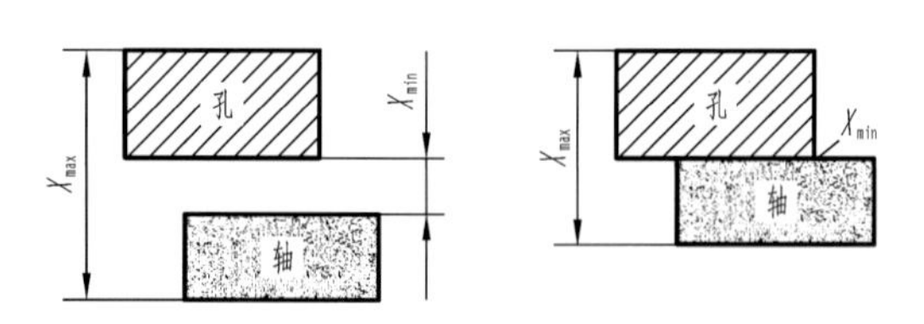


图 C104-3　间隙配合

(2) 过盈配合。

具有过盈(包括最小过盈 $Y_{min}=0$)的配合称为过盈配合。此时,孔的尺寸减去相配合的轴的尺寸之差为负。孔的公差带在轴的公差带的下方。如图 C104-4 所示,对于零件而言,轴的尺寸≥孔的尺寸。其特征值是最大过盈 $Y_{max}$ 和最小过盈 $Y_{min}$。

孔的最小极限尺寸减去轴的最大极限尺寸所得到的代数差称为最大过盈,用 $Y_{max}$

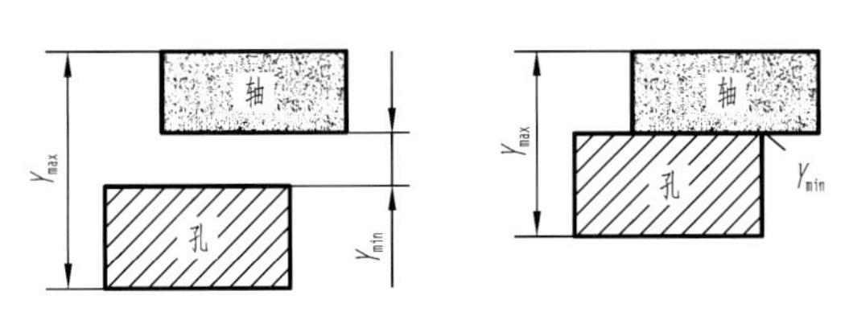


图 C104-4　过盈配合

表示：

$$Y_{max}=D_{min}-d_{max}=EI-es$$

孔的最大极限尺寸减去轴的最小极限尺寸所得到的代数差称为最小过盈，用 $Y_{min}$ 表示：

$$Y_{min}=D_{max}-d_{min}=ES-ei$$

实际生产中，平均过盈更能体现其配合性质：

$$Y_{av}=\frac{Y_{max}+Y_{min}}{2}$$

（3）过渡配合。

可能具有间隙也可能具有过盈的配合称为过渡配合。此时，孔的公差带与轴的公差带相互重叠，如图 C104-5 所示，其特征值是最大间隙 $X_{max}$ 和最大过盈 $Y_{max}$。

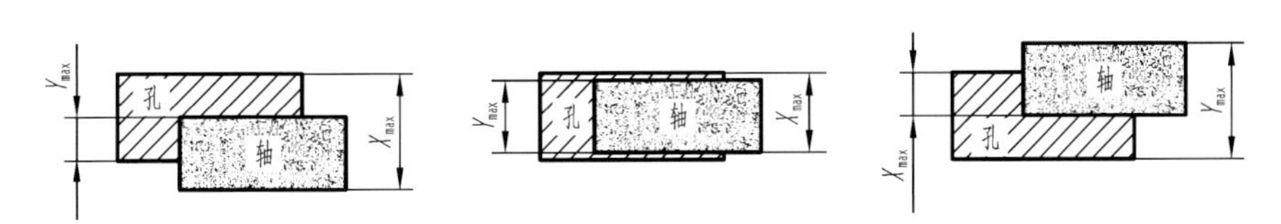


图 C104-5　过渡配合

实际生产中，平均松紧程度可能为平均间隙 $X_{av}$，也可能为平均过盈 $Y_{av}$。

**2. 配合公差**

配合公差是允许间隙或过盈的变动量，用 $T_f$ 表示。

配合公差越大，则配合后的松紧差别程度越大，即配合的一致性差，配合的精度低。反之，配合后的松紧差别程度越小，即配合的一致性好，配合的精度高。

对于间隙配合，配合公差等于最大间隙与最小间隙之差的绝对值；对于过盈配合，配合公差等于最小过盈与最大过盈之差的绝对值；对于过渡配合，配合公差等于最大间隙与最大过盈之差的绝对值。

间隙配合　$T_f=|X_{max}-X_{min}|$

过盈配合　$T_f=|Y_{min}-Y_{max}|$　$\Rightarrow$　$T_f=T+T_s$

过渡配合　$T_f=|X_{max}-Y_{max}|$

## 链接知识 C105　基孔制与基轴制

配合制是指同一极限制的孔和轴组成配合的一种制度。分为基孔制配合和基轴制配合。

1）基孔制配合

定义：基本偏差为一定的孔的公差带与不同基本偏差的轴的公差带形成各种配合的一种制度。

基孔制配合中选作基准的孔称为基准孔，基本偏差为下偏差，其数值为零，代号为"H"，上偏差为正值，即基准孔的公差带在零线上侧，且上偏差用两条虚线段画出，以表示公差带的变动范围。

根据图 C105-1 可得到以下结论。

（1）当轴的基本偏差为上偏差且小于等于 0 时，为间隙配合。

（2）当轴的基本偏差为下偏差且大于 0 时：若孔与轴的公差带交叠，则为过渡配合；若孔与轴的公差带错开，则为过盈配合。

（3）轴的另一极限偏差用一条虚线画出。

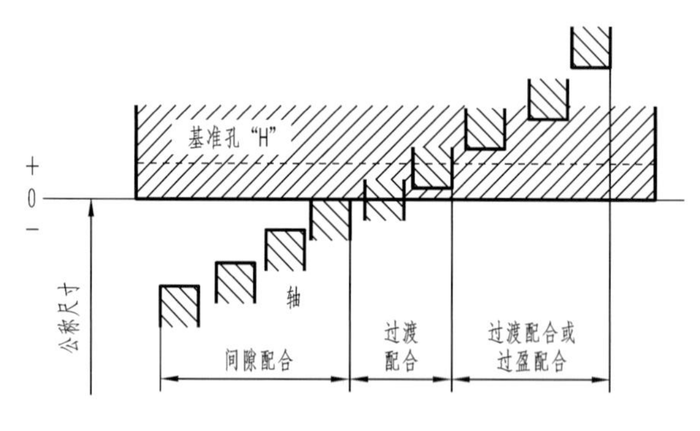


**图 C105-1　基孔制配合**

基孔制的优先和常用配合，如表 C105-1 所示。

2）基轴制配合

定义：基本偏差为一定的轴的公差带与不同基本偏差的孔的公差带形成各种配合的一种制度。

基轴制配合中选作基准的轴称为基准轴。基本偏差为上偏差，其数值为零，代号为

“h”,下偏差为负值,即基准轴的公差带在零线的下侧,且下偏差用两条虚线段画出。

表 C105-1　基孔制的优先和常用配合

| 基准孔 | 轴 | | | | | | | | | | | | | | | | | | | | |
|---|---|---|---|---|---|---|---|---|---|---|---|---|---|---|---|---|---|---|---|---|---|
| | a | b | c | d | e | f | g | h | js | k | m | n | p | r | s | t | u | v | x | y | z |
| | 间隙配合 | | | | | | | | 过渡配合 | | | 过盈配合 | | | | | | | | | |
| H6 | | | | | | H6/f5 | H6/g5 | H6/h5 | H6/js5 | H6/k5 | H6/m5 | H6/n5 | H6/p5 | H6/r5 | H6/s5 | H6/t5 | | | | | |
| H7 | | | | | | H7/f6 | ▲ H7/g6 | ▲ H7/h6 | H7/js6 | ▲ H7/k6 | H7/m6 | ▲ H7/n6 | ▲ H7/p6 | H7/r6 | ▲ H7/s6 | H7/t6 | ▲ H7/u6 | H7/v6 | H7/x6 | H7/y6 | H7/z6 |
| H8 | | | | | H8/e7 | ▲ H8/f7 | H8/g7 | ▲ H8/h7 | H8/js7 | H8/k7 | H8/m7 | H8/n7 | H8/p7 | H8/r7 | H8/s7 | H8/t7 | H8/u7 | | | | |
| | | | | H8/d8 | H8/e8 | H8/f8 | | H8/h8 | | | | | | | | | | | | | |
| H9 | | | H9/c9 | ▲ H9/d9 | H9/e9 | H9/f9 | | ▲ H9/h9 | | | | | | | | | | | | | |
| H10 | | | H10/c10 | H10/d10 | | | | H10/h10 | | | | | | | | | | | | | |
| H11 | H11/a11 | H11/b11 | ▲ H11/c11 | H11/d11 | | | | ▲ H11/h11 | | | | | | | | | | | | | |
| H12 | | H12/b12 | | | | | | H12/h12 | | | | | | | | | | | | | |

根据图 C105-2 可得到以下结论。

(1) 当孔的基本偏差为下偏差时,为间隙配合。

(2) 当孔的基本偏差为上偏差且小于 0 时:若孔与轴的公差带交叠,则为过渡配

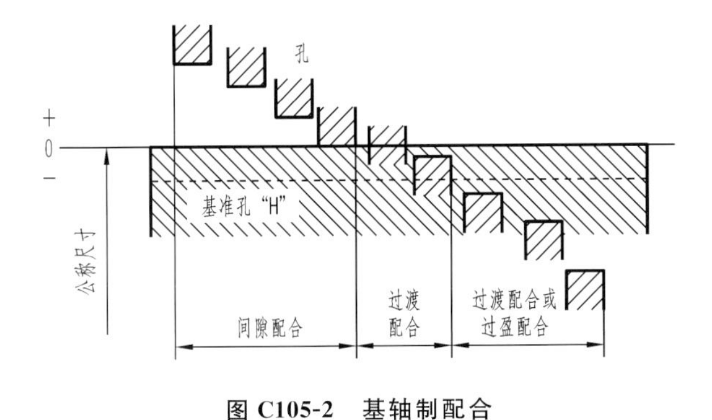


图 C105-2　基轴制配合

合；若孔与轴的公差带错开，则为过盈配合。

基轴制的优先和常用配合，如表 C105-2 所示。

表 C105-2 基轴制的优先和常用配合

| 基准轴 | 孔 | | | | | | | | | | | | | | | | | | | | |
|---|---|---|---|---|---|---|---|---|---|---|---|---|---|---|---|---|---|---|---|---|---|
| | A | B | C | D | E | F | G | H | JS | K | M | N | P | R | S | T | U | V | X | Y | Z |
| | 间隙配合 | | | | | | | | 过渡配合 | | | 过盈配合 | | | | | | | | | |
| h5 | | | | | | F6/h5 | G6/h5 | H6/h5 | JS6/h5 | K6/h5 | M6/h5 | N6/h5 | P6/h5 | R6/h5 | S6/h5 | T6/h5 | | | | | |
| h6 | | | | | | F7/h6 | ▲ G7/h6 | ▲ H7/h6 | JS7/h6 | ▲ K7/h6 | M7/h6 | ▲ N7/h6 | ▲ P7/h6 | R7/h6 | ▲ S7/h6 | T7/h6 | ▲ U7/h6 | | | | |
| h7 | | | | | E8/h7 | ▲ F8/h7 | | ▲ H8/h7 | JS8/h7 | K8/h7 | M8/h7 | N8/h7 | | | | | | | | | |
| h8 | | | | D8/h8 | E8/h8 | F8/h8 | | H8/h8 | | | | | | | | | | | | | |
| h9 | | | | ▲ D9/h9 | E9/h9 | F9/h9 | | ▲ H9/h9 | | | | | | | | | | | | | |
| h10 | | | | D10/h10 | | | | H10/h10 | | | | | | | | | | | | | |
| h11 | A11/h11 | B11/h11 | ▲ C11/h11 | D11/h11 | | | | ▲ H11/h11 | | | | | | | | | | | | | |
| h12 | | B12/h12 | | | | | | H12/h12 | | | | | | | | | | | | | |

# 链接知识 C106 一般公差——线性尺寸的未注公差

未注公差在图样上不单独注出，而是在图样上、技术文件或技术标准中作出总的说明。

国标规定未注公差的公差等级为IT12～IT18，基本偏差一般孔用H；轴用h；长度用+IT/2(即JS或js)。

线性尺寸的一般公差标准既适用于金属切削加工的尺寸，也适用于一般冲压加工的尺寸，非金属材料和其他工艺方法加工的尺寸也可参照采用。

GB/T 1804—1992规定的极限偏差适用于非配合尺寸。

公差有四个等级：f(精密级)、m(中等级)、c(粗糙级)、v(最粗级)，如表C106-1、表C106-2所示。

表C106-1　线性尺寸的极限差数值　　单位：mm

| 公差等级 | 尺寸分段 | | | | | | | |
|---|---|---|---|---|---|---|---|---|
| | >0.5～3 | >3～6 | >6～30 | >30～120 | >120～400 | >400～1000 | >1000～2000 | >2000～4000 |
| f(精密级) | ±0.05 | ±0.05 | ±0.1 | ±0.15 | ±0.2 | ±0.3 | ±0.5 | — |
| m(中等级) | ±0.1 | ±0.1 | ±0.2 | ±0.3 | ±0.5 | ±0.8 | ±1.2 | ±2 |
| c(粗糙级) | ±0.2 | ±0.3 | ±0.5 | ±0.8 | ±1.2 | ±2 | ±3 | ±4 |
| v(最粗级) | — | ±0.5 | ±1 | ±1.5 | ±2.5 | ±4 | ±6 | ±8 |

表C106-2　倒圆半径与倒角高度尺寸的极限偏差数值　　单位：mm

| 公差等级 | 尺寸分段 | | | |
|---|---|---|---|---|
| | >0.5～3 | >3～6 | >6～30 | >30 |
| f(精密级)<br>m(中等级) | ±0.2 | ±0.5 | ±1 | ±2 |
| c(粗糙级)<br>v(最粗级) | ±0.4 | ±1 | ±2 | ±4 |

线性尺寸的一般公差的表示方法如下。

在图样上、技术文件或技术标准中用线性尺寸的一般公差标准号和公差等级符号表示；例如当一般公差选用中等级时，可在零件图样上(标题栏上方)标明：未注公差尺寸按GB/T 1804-m。

# 链接知识 C201 零件的几何要素

**1. 几何公差的基本概念**

几何误差是指被测要素相对其理想要素的变动量，分为形状误差、位置误差、方向误差和跳动误差。

如图 C201-1 所示的光轴，加工后细双点画线表示的表面形状与理想表面形状产生了形状误差。图 C201-2 所示的偏心轴的两轴线不重合，产生了位置误差。

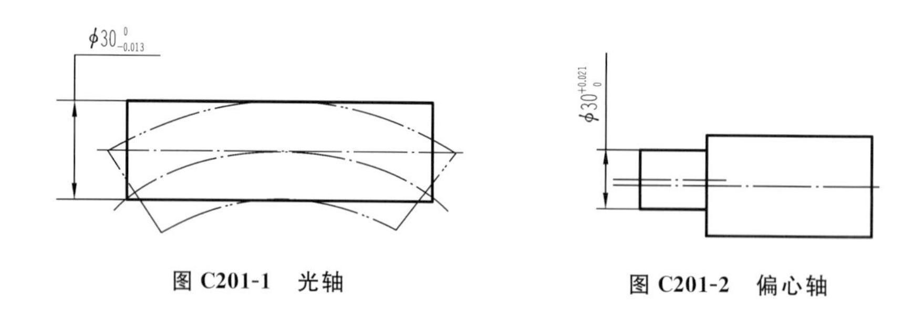


图 C201-1　光轴　　图 C201-2　偏心轴

几何误差值小于或等于相应的几何公差值，则认为合格。因此，对一些零件的重要工作面和轴线，常规定其几何误差的最大允许值，即几何公差。

**2. 零件的几何要素**

1）被测要素

被测要素指图样上给出几何公差要求的要素，即在图样上几何公差带代号指引线箭头所指的要素，是检测的对象。加工中，需要对该要素的几何误差进行检验，并判断其误差是否在公差范围内。如图 C201-3 所示，$\phi$100h6 的外圆和 $45_{-0.02}^{0}$ 右端面是被测要素。

被测要素按功能关系又可分为单一要素和关联要素。

仅对要素本身给出了形状公差要求的要素，称为单一要素。如图 C201-3 所示，$\phi$100h6 圆柱表面给出的是圆度要求，所以 $\phi$100h6 圆柱表面是单一要素。

与零件上其他要素有功能关系的要素，称为关联要素。功能关系是指要素与要素之间具有某种确定方向或位置关系（如垂直、平行等）。关联要素就是有位置公差要求的数测要素。如图 C201-4 所示，$40_{-0.06}^{0}$ 右端面对左端面有平行功能要求，因此右端面为被测关联要素。

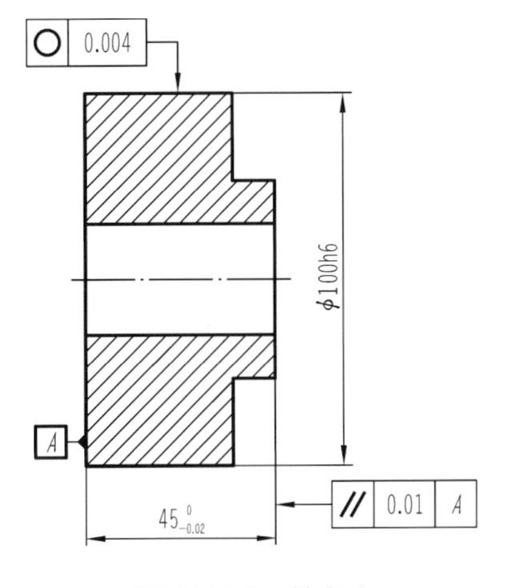


图 C201-3　轴套 1



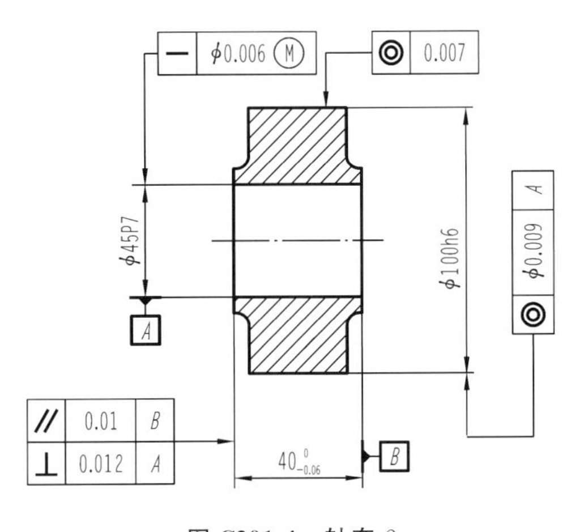


图 C201-4　轴套 2

2）基准要素

基准要素指用来确定被测量要素方向或(和)位置的要素。如图 C201-3 所示，$45_{-0.02}^{0}$左端面是基准要素。

3）实际要素

实际要素指零件上实际存在的要素。对于具体的零件，国家标准规定实际要素由测量所得到的要素来代替。

4）理想要素

理想要素指具有几何学意义的要素。点、线、面不需要任何误差，在图样上表示的要素均为理想要素。

### 3. 几何公差项目和符号

国家标准规定几何公差共有 18 个项目，其中，形状公差有 6 个项目，跳动公差有 2 个项目，方向公差有 5 个项目，位置公差有 5 个项目。各个公差特征项目的名称和符号如表 C201-1 所示。

表 C201-1　公差特征项目名称及符号

| 公差类型 | 几何特征 | 符号 | 有无基准 |
|---|---|---|---|
| 形状公差 | 直线度 | — | 无 |
| | 平面度 | ⏥ | 无 |
| | 圆度 | ○ | 无 |
| | 圆柱度 | ⌭ | 无 |
| | 线轮廓度 | ⌒ | 无 |
| | 面轮廓度 | ⌓ | 无 |
| 跳动公差 | 圆跳动 | ↗ | 有 |
| | 全跳动 | ⌰ | 有 |
| 方向公差 | 平行度 | // | 有 |
| | 垂直度 | ⊥ | 有 |
| | 倾斜度 | ∠ | 有 |
| | 线轮廓度 | ⌒ | 有 |
| | 面轮廓度 | ⌓ | 有 |
| 位置公差 | 位置度 | ⌖ | 有或无 |
| | 同轴（同心）度 | ◎ | 有 |
| | 对称度 | ⌯ | 有 |
| | 线轮廓度 | ⌒ | 有 |
| | 面轮廓度 | ⌓ | 有 |

## 链接知识 C202.1 几何公差被测要素的标注

几何公差的要素要用带指示箭头的指引线与公差框格相连。指引线一般与框格一端的中部相连，也可以与框格任意位置水平或垂直连接。

当被测要素为轮廓线或轮廓面时，指示箭头应直接指向被测要素或其延长线，并与尺寸线明显错开，如图 C202.1-1 所示。

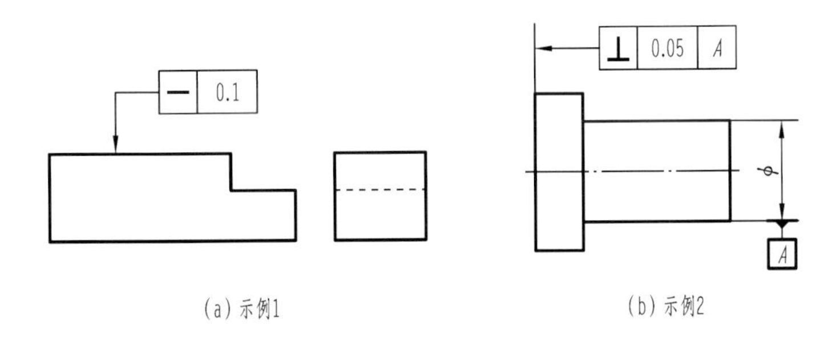


**图 C202.1-1　被测要素为轮廓要素时的标注**

当被测要素为中心点、中心线、中心面时，指示箭头应与被测要素相应的轮廓尺寸线对齐，如图 C202.1-2 所示，指示箭头可代替一个尺寸线的箭头。

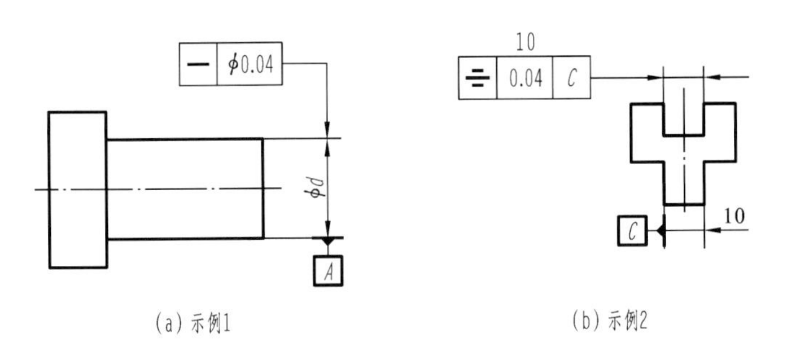


**图 C202.1-2　被测要素为中心要素时的标注**

当被测要素为视图的整个轮廓线(面)时，应在指示箭头的指引线的转折处加注全周符号。如图 C202.1-3(a)所示，线轮廓度公差 0.1 mm 是对该视图上全部轮廓线的要求。其他视图上的轮廓不受该公差要求的限制。以螺纹、齿轮、花键的轴线为被测要素时，应在几何公差框格下方标明节径 PD、大径 MD 或小径 LD，如图 C202.1-3(b)所示。

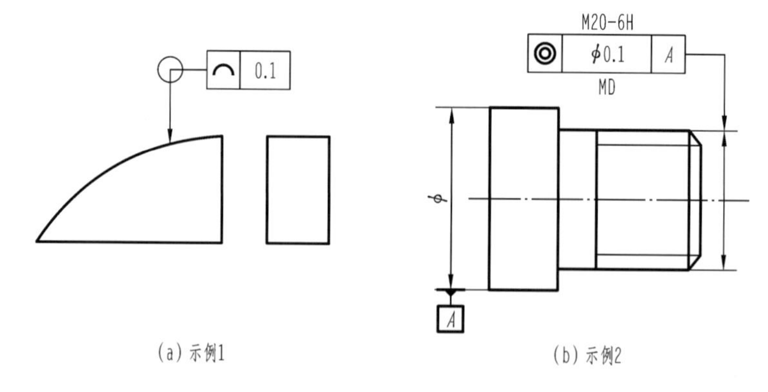


图 C202.1-3　被测要素其他标注

# 链接知识 C202.2 几何公差基准要素的标注



### 1. 基准概念

基准有基准要素和基准之分。零件上用来建立基准并实际起基准作用的实际要素称为基准要素。用以确定被测要素方向或者位置关系的公称理想要素称为基准。基准可以是组成要素(轮廓要素)或导出要素(中心要素);基准要素只能是组成要素。

基准可由零件上的一个或多个要素构成。基准在图样上用大写英文字母(如 A、B、C)表示,水平写在基准方格内,与一个涂黑的或空白的三角形相连,如图 C202.2-1 所示,涂黑和空白基准三角形含义相同。

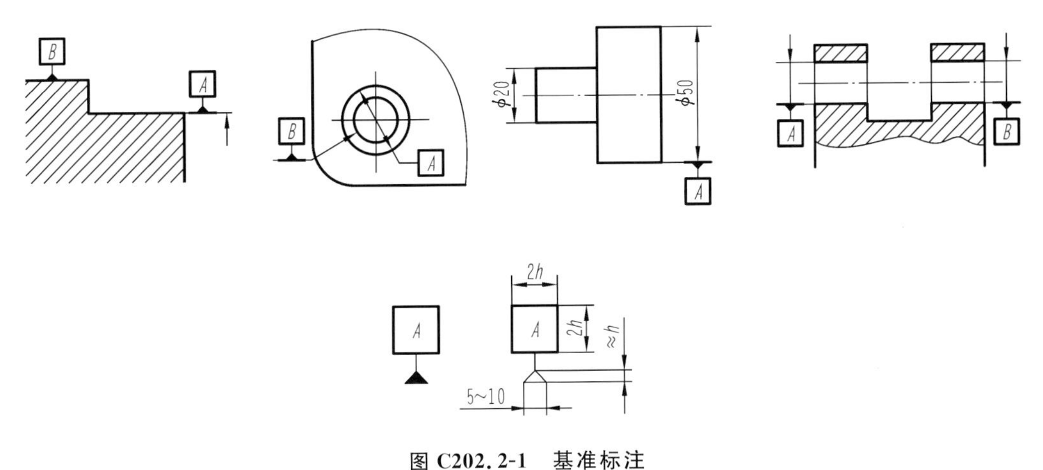


图 C202.2-1 基准标注

### 2. 基准类型

基准有三种类型:单一基准、公共基准和基准体系。

(1) 单一基准:指仅以一个要素(如一个平面或一条直线)作为确定被测要素方向或位置的依据。

(2) 公共基准:指将两个或两个以上要素的组合作为一个独立的基准,也称组合基准,如两个平面或两条直线(或两条轴线)组合成一个公共平面或一条公共直线(或公共轴线)作为基准。

(3) 基准体系:指由三个互相垂直的基准平面组成的基准体系,它的三个平面是确定和测量零件上各要素几何关系的起点。

### 3. 几何公差标注方法

在技术图样中，几何公差采用代号标注形式，如图 C202.2-2 所示。

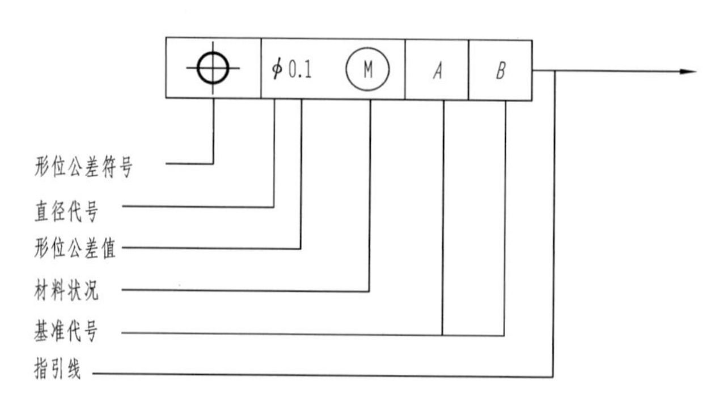


**图 C202.2-2　几何公差标注示例**

几何公差的基本内容在公差框格内给出。公差框格分为两格或多格，可水平绘制或垂直绘制。

指引线一端从框格一侧引出，另一端带有箭头，箭头指向被测要素公差带的宽度方向或直径。

公差框格的第二格之间填写的公差带为圆形或圆柱形时，公差值前加注“ϕ”，若是球形则加注“Sϕ”。

对于关联被测要素的方向、位置和跳动公差要求必须注明基准。方框内的字母应与公差框格中的基准字母对应，且不论基准代号在图样中的方向如何，方框内的字母均应水平书写。单一基准由一个字母表示，如图 C202.2-3(a)所示；公共基准采用由横线隔开的两个字母表示，如图 C202.2-3(b)所示。

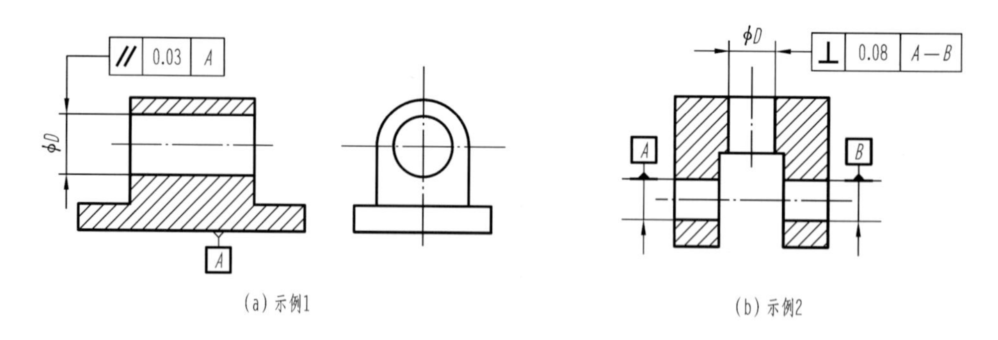


(a) 示例1　　(b) 示例2

**图 C202.2-3　基准要素的标注**

当以轮廓线或轮廓面作为基准时，基准符号在要素的轮廓线或其延长线上，且与轮廓的尺寸线明显错开；当以轴线、中心平面或中心点为基准时，基准连线应与相应的轮廓尺寸线对齐。

# 链接知识 C202.3 形状公差

常用的形状公差有四个项目:直线度、平面度、圆度和圆柱度。被测要素有直线、平面和圆柱面。形状公差不涉及基准,形状公差带的方位可以浮动,只能控制被测要素的形状误差。

**1. 直线度**

直线度用于表示零件上直线要素的实际形状保持为理想直线的状况,即平直程度。

直线度公差是实际直线对理想直线所允许的最大变动量,用以限制实际直线加工误差所允许的变动范围,如表 C202.3-1 所示。

表 C202.3-1 直线度公差

| 公差特征及符号 | 公差带的定义 | 标注和解释 |
|---|---|---|
| 直线度<br>— | 在给定平面内,公差带是距离为公差值 $t$ 的两平行直线之间的区域 | 被测表面的素线必须位于平行于图样所示投影面且距离为公差值 0.1 mm 的两平行直线内 |
| | 在给定方向上,公差带是距离为公差值 $t$ 的两平行平面之间的区域 | 被测圆柱面的任一素线必须位于距离为公差值 0.1 mm 的两平行平面之内 |
| | 如在公差值前加注 $\phi$,则公差带是直径为 $t$ 的圆柱面内的区域 | 被测圆柱面的轴线必须位于直径为公差值 0.08 mm 的圆柱面内 |

**2. 平面度**

平面度用于表示零件上平面要素的实际形状保持为理想平面的状况，即平整程度。

平面度公差是实际表面所允许的最大变动量，用以限制实际表面加工误差所允许的变动范围，如表 C202.3-2 所示。

表 C202.3-2 平面度公差

| 公差特征及符号 | 公差带的定义 | 标注和解释 |
|---|---|---|
| 平面度 ▱ | 公差带是距离为公差值 $t$ 的两平行平面之间的区域 | 被测表面必须位于距离为公差值 0.08 mm 的两平行平面内 |

**3. 圆度**

圆度用于表示零件上圆要素的实际形状与其中心保持等距的状况，即圆整程度。

圆度公差是同一截面上实际圆对理想圆所允许的最大变动量，用以限制实际圆加工误差所允许的变动范围，如表 C202.3-3 所示。

表 C202.3-3 圆度公差

| 公差特征及符号 | 公差带的定义 | 标注和解释 |
|---|---|---|
| 圆度 ○ | 公差带是在同一正截面上，半径差为公差值 $t$ 的两同心圆之间的区域 | 被测圆柱面任一正截面上的圆周必须位于半径差为公差值 0.03 mm 的两同心圆之间<br>被测圆锥面任一正截面上的圆周必须位于半径差为公差值 0.1 mm 的两同心圆之间 |

**4. 圆柱度**

圆柱度用于表示零件上圆柱面外形轮廓上的各点对其轴线保持等距的状况。

圆柱度公差是实际圆柱面对理想圆柱面所允许的最大变动量，用以限制实际圆柱面加工误差所允许的变动范围，如表 C202.3-4 所示。

表 C202.3-4 圆柱度公差

| 公差特征及符号 | 公差带的定义 | 标注和解释 |
| --- | --- | --- |
| 圆柱度<br>⌭ | 公差带是半径差为公差值 $t$ 的两同轴圆柱面之间的区域 | 被测圆柱面必须位于半径差为公差值 0.1 mm 的两同轴圆柱面之间 |

## 链接知识 C202.4 方向公差

常用的方向公差有三个项目:平行度、垂直度和倾斜度。被测要素有直线和平面,基准要素有直线和平面。按被测要素相对于基准要素,有线对线、线对面、面对线和面对面四种情况。方向公差带在控制被测要素相对于基准平行、垂直和倾斜所夹角度方向误差的同时,能够自然地控制被测要素的形状误差。

**1. 平行度**

平行度用于表示零件上被测(实际)要素相对于基准保持等距离的状况。

平行度公差是被测要素的实际方向与同基准平行的理想方向之间所允许的最大变动量,用以限制被测实际要素偏离平行方向所允许的变动范围,如表 C202.4-1 所示。

表 C202.4-1 平行度公差

| 公差特征及符号 | 公差带的定义 | 标注和解释 |
| --- | --- | --- |
| 平行度 // | 公差带是两对互相垂直的距离分别为 $t_1$ 和 $t_2$ 且平行于基准线的两平行平面之间的区域 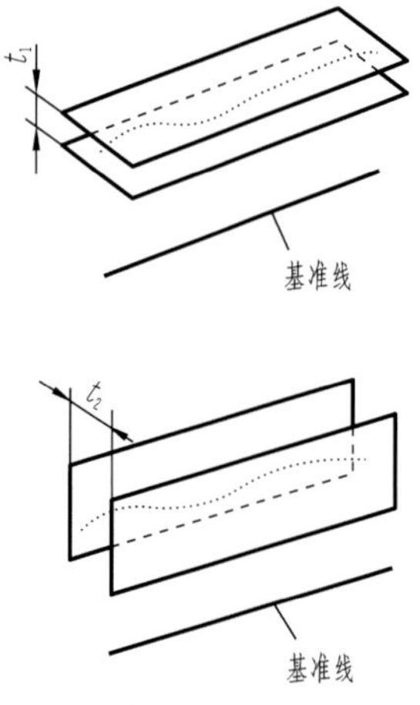<br>$t_1$<br>基准线<br>$t_2$<br>基准线 | 被测轴线必须位于距离分别为公差值 0.2 mm 和 0.1 mm,在给定的互相垂直方向上且平行于基准轴线(即基准线)的两组平行平面之间 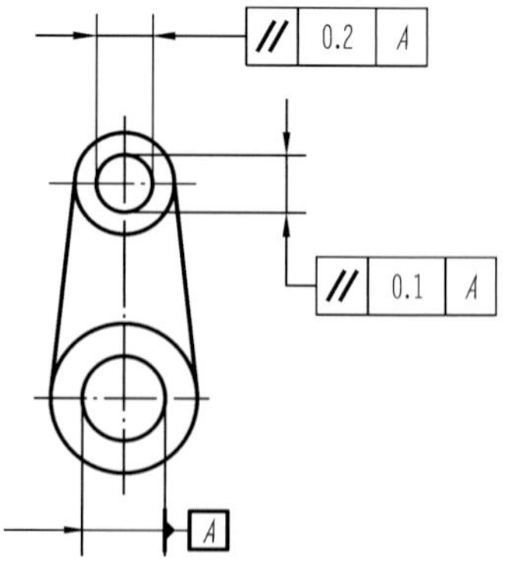<br>// 0.2 A<br>// 0.1 A<br>A |

续表

| 公差特征及符号 | 公差带的定义 | 标注和解释 |
| --- | --- | --- |
| 平行度<br>// | 如在公差值前加注 $\phi$，则公差带是直径为公差值 $t$ 且平行于基准线的圆柱面内的区域<br>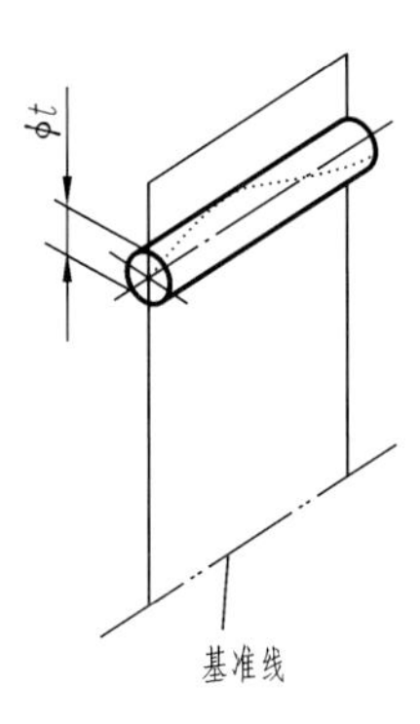 | 被测轴线必须位于直径为 0.1 mm 且平行于基准线 $B$ 的圆柱面内<br>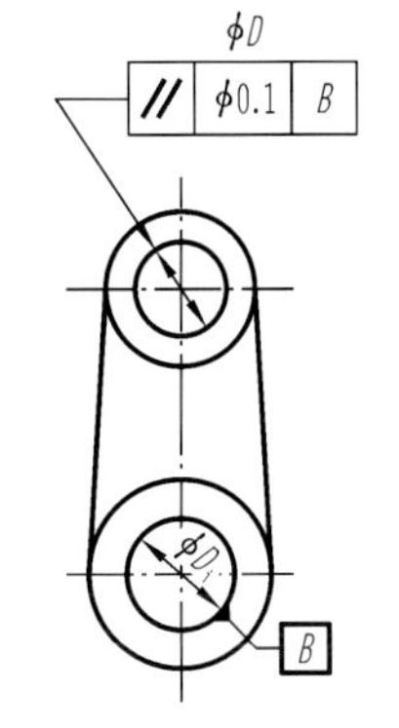 |
| | 公差带是距离为公差值 $t$ 且平行于基准平面（即基准面）的两平行平面之间的区域<br>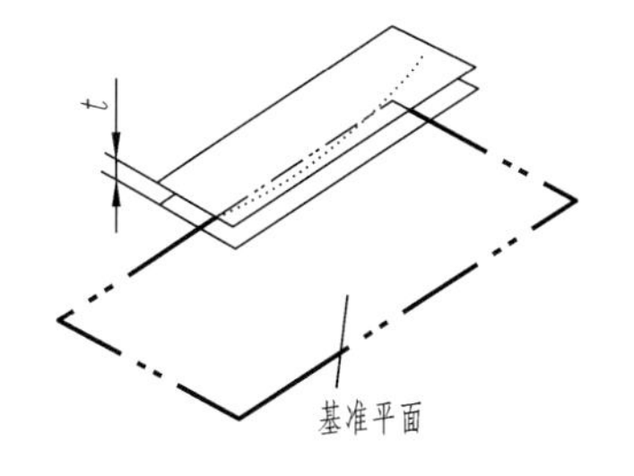 | 被测轴线必须位于距离为公差值 0.03 mm 且平行于基准面 $A$ 的两平行平面之间<br>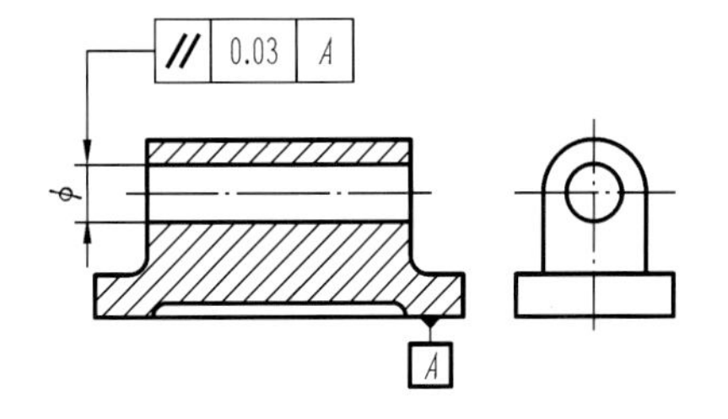 |
| | 公差带是距离为公差值 $t$ 且平行于基准线的两平行平面之间的区域<br>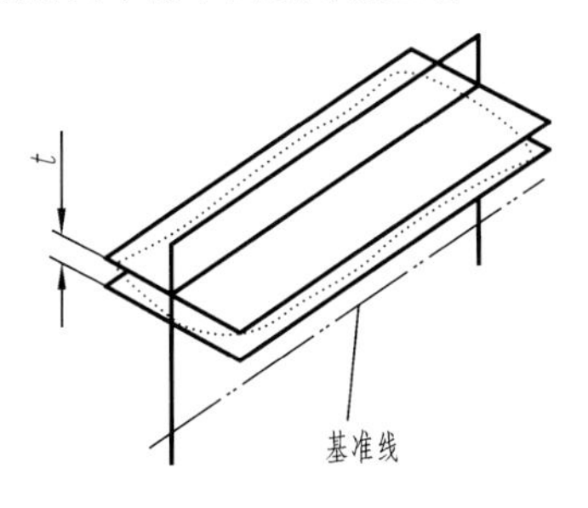 | 被测表面必须位于距离为公差值 0.05 mm 且平行于基准线 $A$ 的两平行平面之间<br>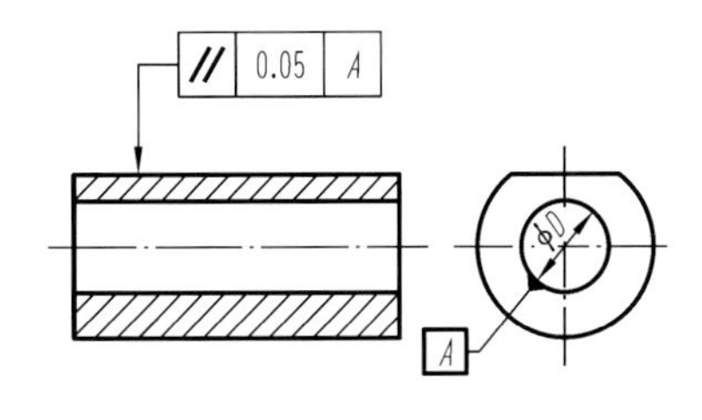 |

续表

| 公差特征及符号 | 公差带的定义 | 标注和解释 |
| --- | --- | --- |
| 平行度<br>// | 公差带是距离为公差值 $t$ 且平行于基准面的两平行平面之间的区域 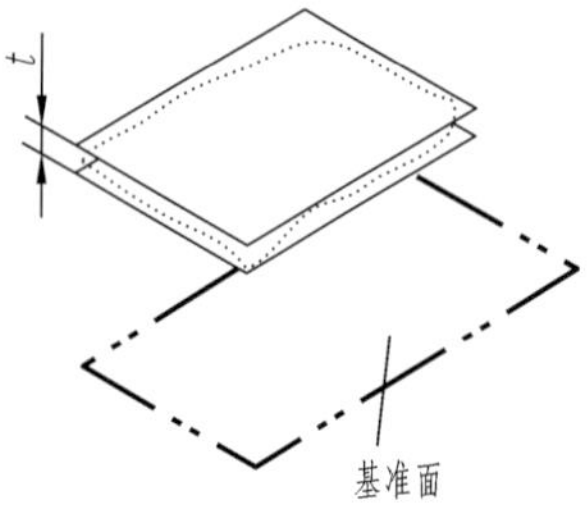<br>$t$<br>基准面 | 被测表面必须位于距离为公差值 0.05 mm 且平行于基准面 A 的两平行平面之间 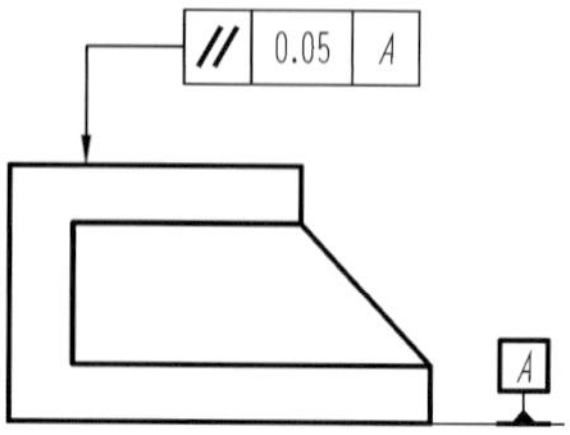<br>// 0.05 A<br>A |

**2. 垂直度**

垂直度用于表示零件上被测要素相对于基准(要素)保持正确的 90°角的状况。

垂直度公差是被测要素的实际方向与同基准相垂直的理想方向之间所允许的最大变动量,用以限制被测实际要素偏离垂直方向所允许的变动范围,如表 C202.4-2 所示。

表 C202.4-2　垂直度公差

| 公差特征及符号 | 公差带的定义 | 标注和解释 |
| --- | --- | --- |
| 垂直度<br>⊥ | 公差带是距离为公差值 $t$ 且垂直于基准线的两平行平面之间的区域 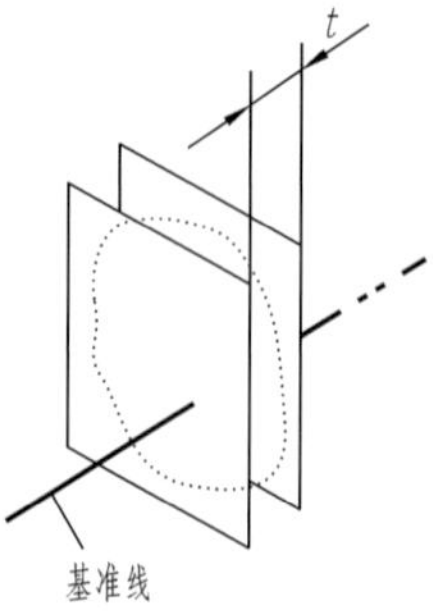<br>$t$<br>基准线 | 被测轴线必须位于距离为公差值 0.08 mm 且垂直于基准线 A 的两平行平面之间 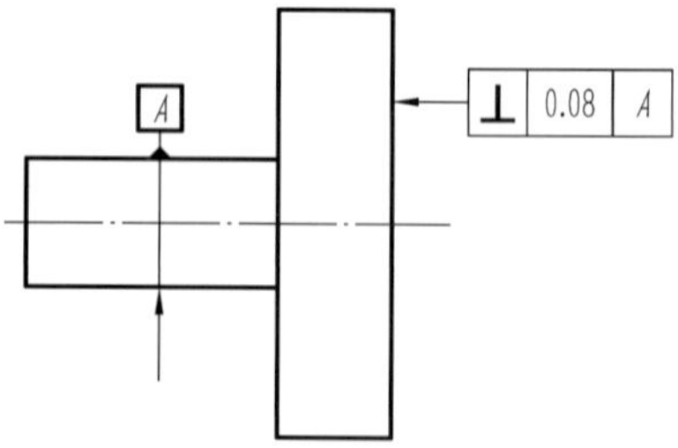<br>A<br>⊥ 0.08 A |

续表

| 公差特征及符号 | 公差带的定义 | 标注和解释 |
| --- | --- | --- |
| 垂直度<br>⊥ | 如在公差值前加注 $\phi$，则公差带是直径为公差值 $t$ 且垂直于基准面的圆柱面内的区域 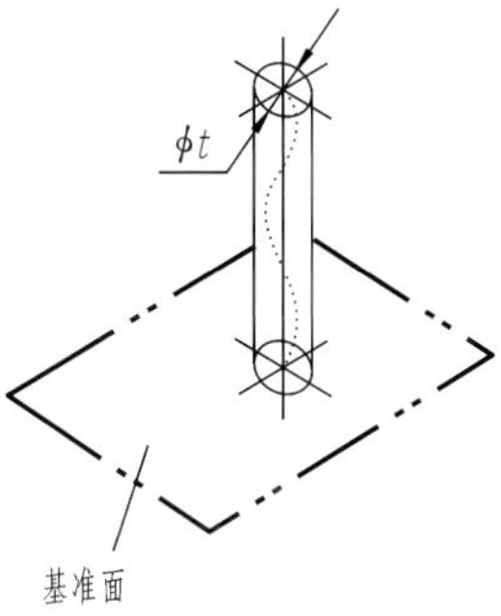<br>$\phi t$<br>基准面 | 被测轴线必须位于直径为公差值 0.05 mm 且垂直于基准线 $A$ 的圆柱面内 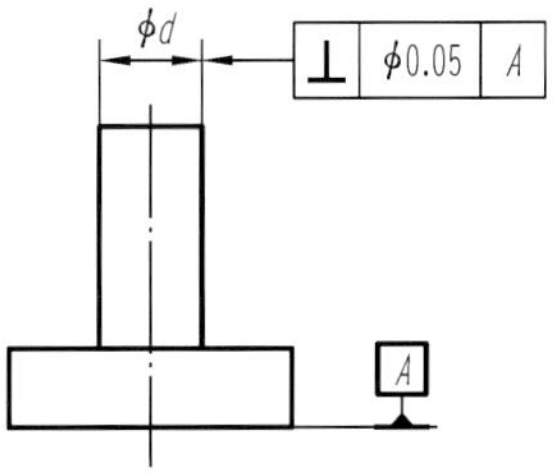<br>$\phi d$<br>⊥ $\phi$0.05 A<br>A |

3. 倾斜度

倾斜度用于表示零件上两要素相对方向保持任意给定角度的正确状况。

倾斜度公差是被测要素的实际方向与同基准成任意给定角度的理想方向之间所允许的最大变动量，如表 C202.4-3 所示。

表 C202.4-3　倾斜度公差

| 公差特征及符号 | 公差带的定义 | 标注和解释 |
| --- | --- | --- |
| 倾斜度<br>∠ | 被测线和基准线在同一平面内，公差带是距离为公差值 $t$ 且与基准线成一给定角度的两平行平面之间的区域 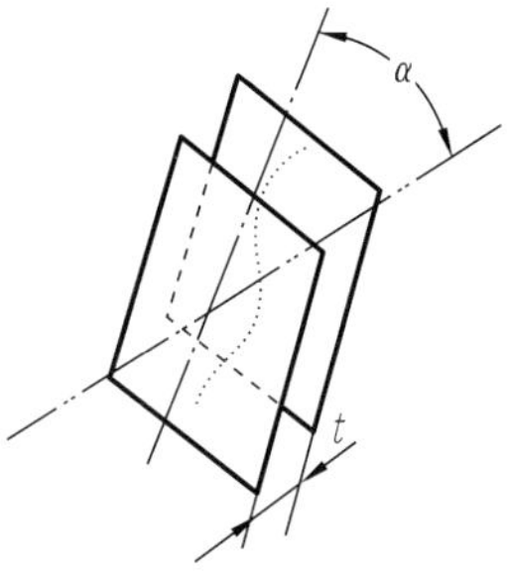<br>$\alpha$<br>$t$ | 被测轴线必须位于距离为公差值 0.08 mm 且与 $A—B$ 公共基准线成一理论正确角度 60° 的两平行平面之间 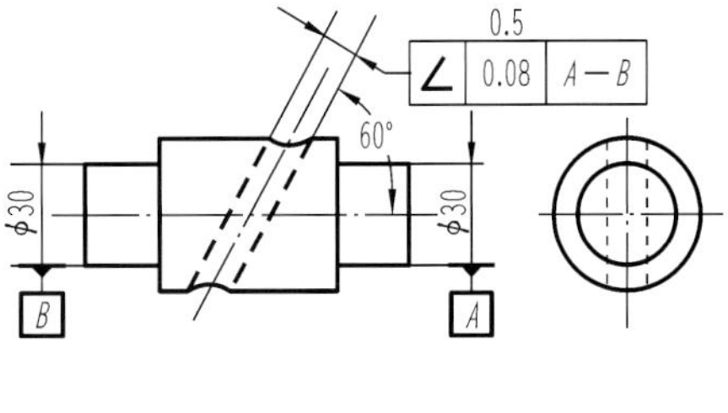<br>0.5<br>∠ 0.08 A—B<br>60°<br>$\phi$30<br>$\phi$30<br>B<br>A |

续表

| 公差特征及符号 | 公差带的定义 | 标注和解释 |
| --- | --- | --- |
| 倾斜度 ∠ | 公差带是距离为公差值 $t$ 且与基准面成一给定角度的两平行平面之间的区域 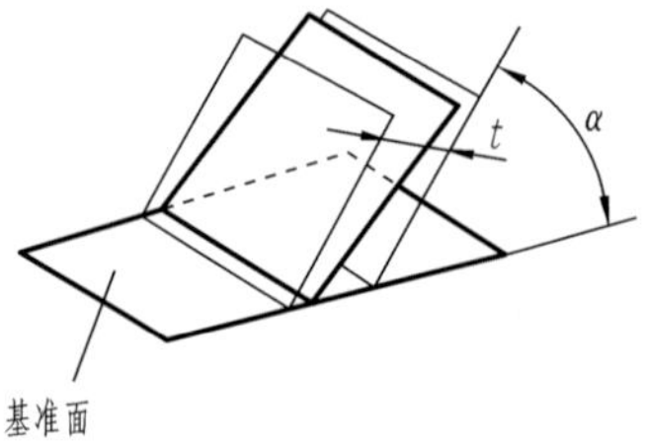<br>基准面 | 被测表面必须位于距离为公差值 0.08 mm 且与基准面 A 成理论正确角度 45°的两平行平面之间 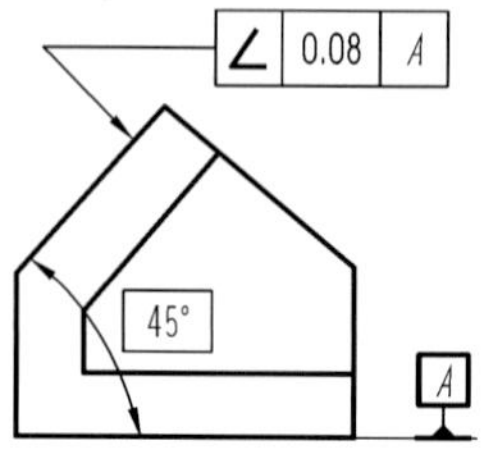<br>∠ 0.08 A　45°　A |
| | 如在公差值前加注 $\phi$，则公差带为直径等于公差值 $t$ 的圆柱面所限定的区域，且与基准平面成理论角度 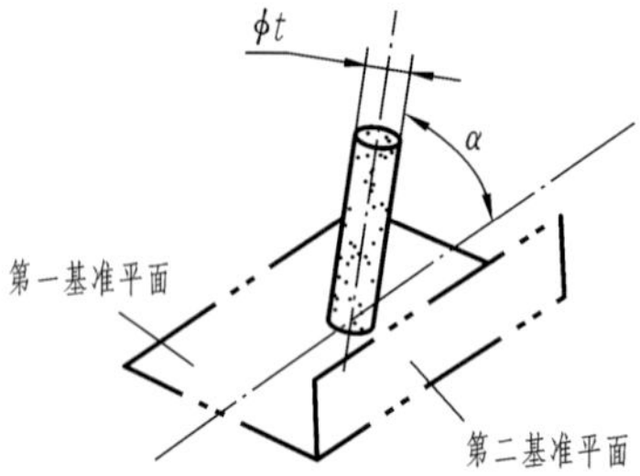<br>$\phi t$　α　第一基准平面　第二基准平面 | 被测轴线必须位于距离为公差值 0.08 mm 且与基准面 A 成理论正确角度 60°的两平行平面之间，且平行于基准面 B 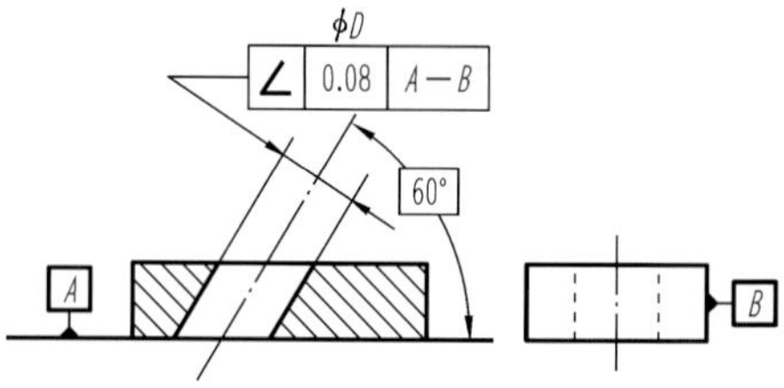<br>$\phi D$　∠ 0.08 A—B　60°　A　B |

# 链接知识 C202.5 位置公差

常用的位置公差有三个项目：位置度、同轴度和对称度。位置公差涉及基准，公差带的方向（主要是位置）是固定的。位置公差带在控制被测要素相对于基准位置误差的同时，能够自然地控制被测要素相对于基准的方向误差和被测要素的形状误差。

**1. 位置度**

位置度用于表示零件上的点、线、面等要素相对于其理想位置的准确状况。

位置度公差是被测要素的实际位置相对于理想位置所允许的最大变动量，用以限制被测要素偏离理想位置所允许的变动范围，如表 C202.5-1 所示。

表 C202.5-1　位置度公差

| 公差特征及符号 | 公差带的定义 | 标注和解释 |
|---|---|---|
| 位置度<br>⌖ | 如公差值前加注 $\phi$，则公差带是直径为公差值 $t$ 的圆内的区域。圆公差带的中心点的位置由相对于基准 $A$ 和 $B$ 的理论正确尺寸确定 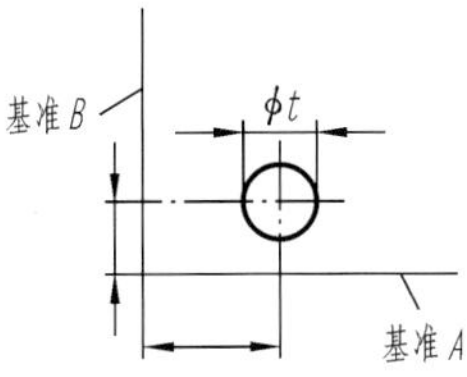<br>基准 $B$　$\phi t$　基准 $A$ | 两个中心线的交点必须位于直径为公差值 0.3 mm 的圆内，该圆的圆心位于由相对基准 $A$ 和 $B$ 的理论正确尺寸所确定的点和理想位置上 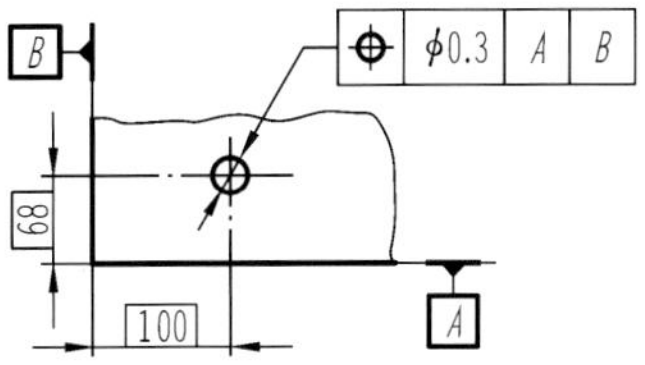<br>⌖ $\phi$0.3 A B　B　68　100　A |
| | 如公差值前加注 $S\phi$，则公差带是直径为公差值 $t$ 的球内的区域。球公差带的中心点的位置由相对于基准 $A$、$B$ 和 $C$ 的理论正确尺寸确定 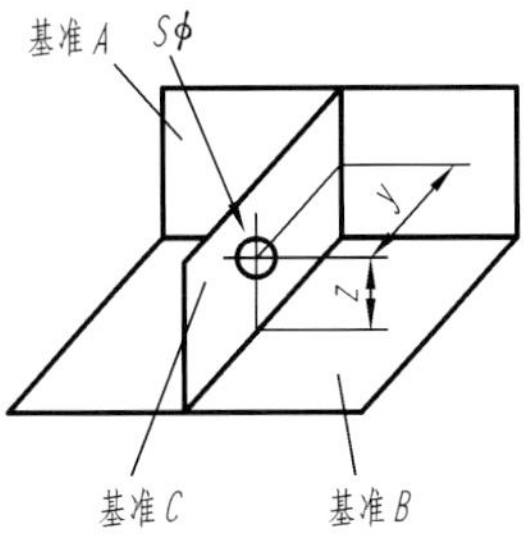<br>基准 $A$　$S\phi$　$y$　$z$　基准 $C$　基准 $B$ | 被测球的球心必须位于直径为公差值 0.03 mm 的球内。该球的球心位于由相对基准 $A$、$B$、$C$ 的理论正确尺寸所确定的理想位置上 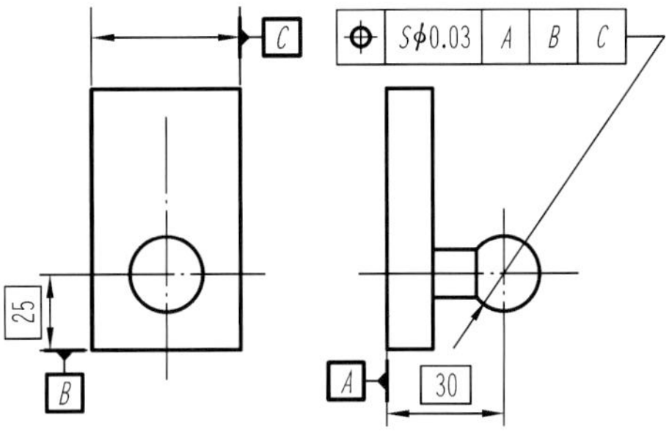<br>C　⌖ $S\phi$0.03 A B C　25　B　A　30 |

<table>
<tr><th>公差特征及符号</th><th>公差带的定义</th><th>标注和解释</th></tr>
<tr><td rowspan="3">位置度<br>⌖</td><td>公差带是距离为公差值 $t$ 且以线的理想位置为中心线对称配置的两平行直线之间的区域。中心线的位置由相对于基准 $A$ 的理论正确尺寸确定，此位置度公差仅给定一个方向<br>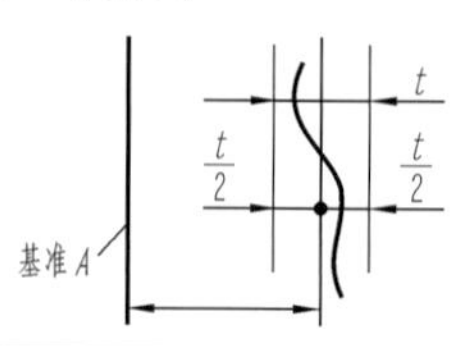<br></td><td>每条刻线的中心线必须位于距离为公差值 0.05 mm 且相对于基准 $A$ 的理论正确尺寸所确定的理想位置对称的两平行直线之间<br>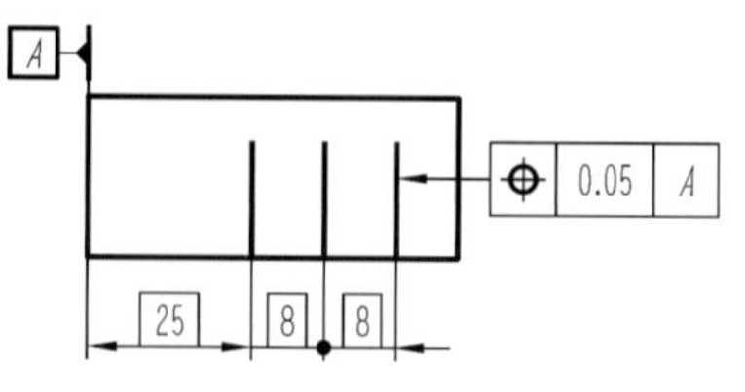<br></td></tr>
<tr><td>如公差值前加注 $\phi$，则公差带是直径为公差值 $t$ 的圆柱面内的区域。圆柱公差带的中心轴线位置由相对于基准 $B$ 和 $C$ 的理论正确尺寸确定<br>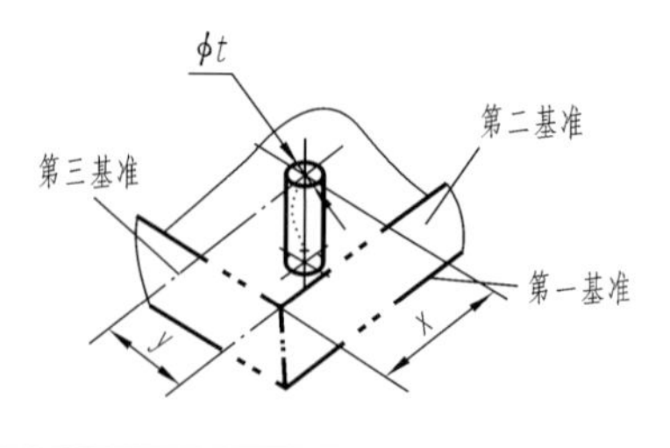<br></td><td>被测要素(孔)的轴线必须位于直径为公差值 0.1 mm 的圆柱面内，该圆柱面的中心轴线位置由相对基准 $B$、$C$ 的理论正确尺寸 30 mm 和 40 mm 确定<br>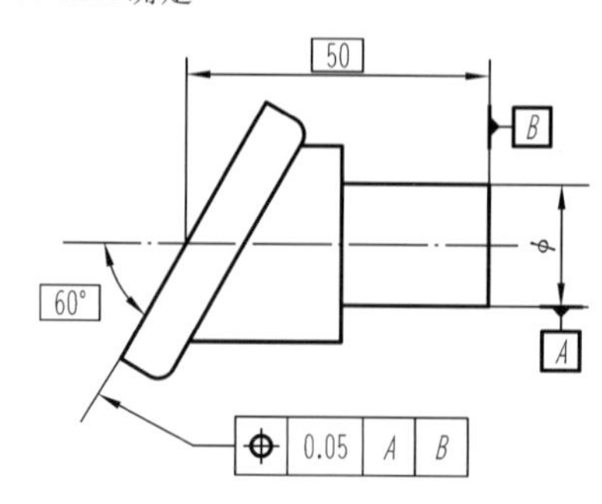<br></td></tr>
<tr><td>公差带是距离为公差值 $t$ 且以被测斜平面的理想位置为中心面对称配置的两平行平面间的区域。中心面的位置由基准轴线 $A$ 和相对于基准面 $B$ 的理论正确尺寸确定<br>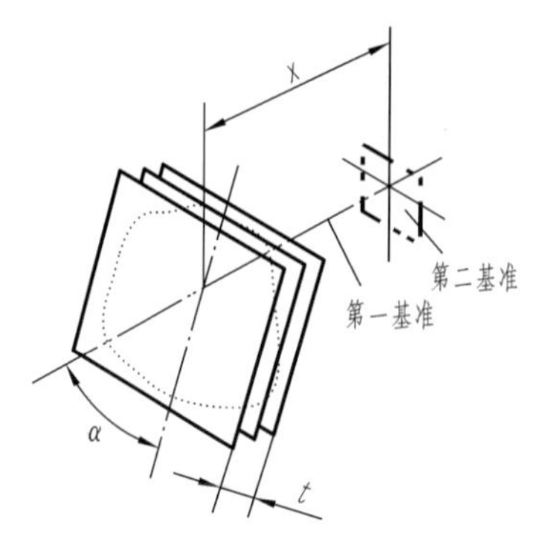<br></td><td>被测要素斜平面必须位于距离为公差值 0.05 mm 的两平行平面之间，该两平行平面的对称中心平面位置由基准轴线 $A$ 及理论正确角度 60°和相对于基准面 $B$ 的理论正确尺寸 50 mm 确定<br></td></tr>
</table>

**2. 同轴度**

同轴度用于表示零件上被测轴线相对于基准轴线保持在同一直线上的状况。

同轴度公差是被测轴线相对于基准轴线所允许的变动全量，用以限制被测实际轴线偏离由基准轴线所确定的理想位置所允许的变动范围，如表 C202.5-2 所示。

表 C202.5-2　同轴度公差

| 公差特征及符号 | 公差带的定义 | 标注和解释 |
|---|---|---|
| 同轴度<br>◎ | 如在公差值前加注 $\phi$，则公差带是直径为公差值 $t$ 且与基准圆心同心的圆内的区域 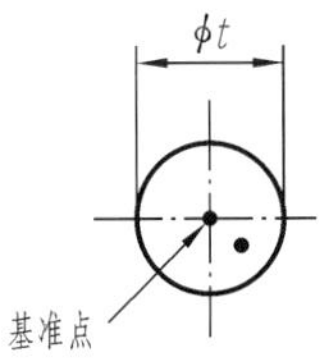<br>$\phi t$<br>基准点 | 外圆的圆心必须位于直径为公差值 0.1 mm 且与基准圆心同心的圆内 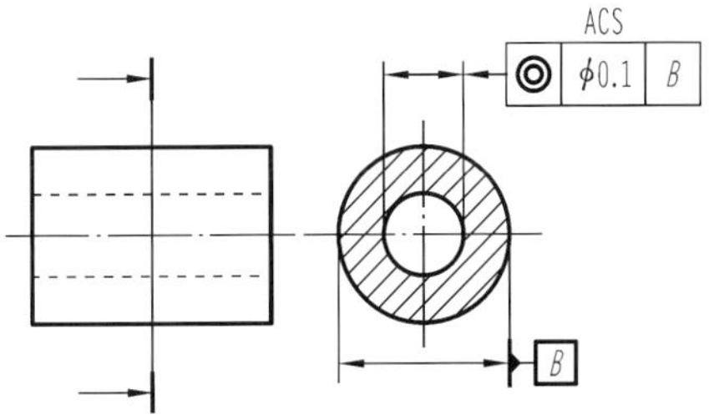<br>ACS<br>◎ $\phi$0.1 B<br>B |
| | 如在公差值前加注 $\phi$，则公差带是直径为公差值 $t$ 的圆柱面内的区域，该圆柱面的轴线与基准轴线同轴 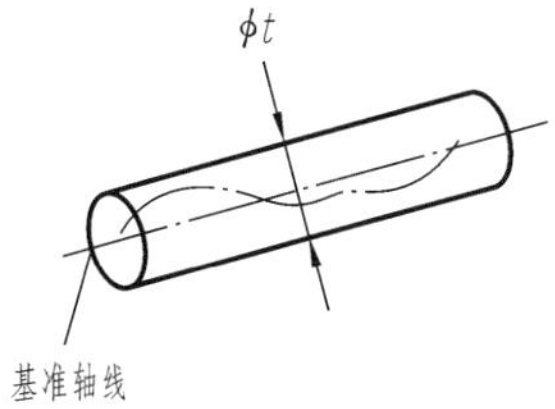<br>$\phi t$<br>基准轴线 | 大圆柱面的轴线必须位于直径为公差值 0.1 mm 且与公共基准线 $A—B$ 同轴的圆柱面内 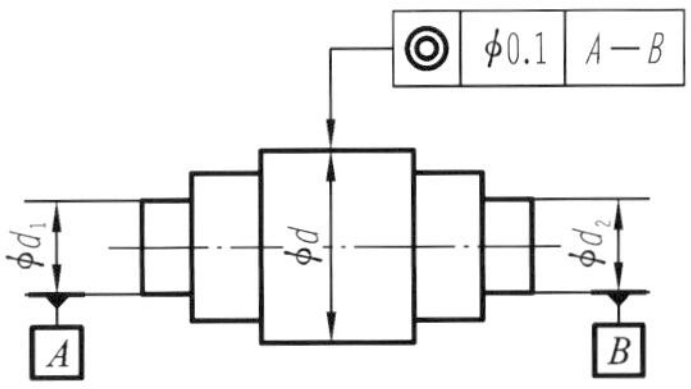<br>◎ $\phi$0.1 A—B<br>$\phi d_1$ $\phi d$ $\phi d_2$<br>A B |

**3. 对称度**

对称度用于表示零件上两对称中心要素保持在同一中心平面内的状态。

对称度公差是实际要素的对称中心面（或中心线、轴线）相对于理想对称平面所允许的变动量，如表 C202.5-3 所示。

表 C202.5-3　对称度公差

| 公差特征及符号 | 公差带的定义 | 标注和解释 |
| --- | --- | --- |
| 对称度<br>⌯ | 公差带是距离为公差值 $t$ 且相对基准中心平面对称配置的两平行平面之间的区域<br>基准平面<br>t<br>t/2 | 被测中心平面必须位于距离为公差值 0.08 mm 且相对于公共基准中心平面 $A—B$ 对称配置的两平行平面之间<br>⌯ 0.08 A—B<br>A<br>B<br>20<br>20 |

# 链接知识 C202.6 跳动公差

跳动公差有两个项目:圆跳动和全跳动。跳动公差带在控制被测要素相对于基准位置误差的同时,能够自然地控制被测要素相对于基准的方向误差和被测要素的形状误差。

**1. 圆跳动**

圆跳动用于表示零件上的回转表面在限定的测量面内相对于基准轴线保持固定位置的状况。

圆跳动公差是被测实际要素绕基准轴线无轴向移动地旋转 1 周时,在限定的测量范围内所允许的最大变动量,如表 C202.6-1 所示。

表 C202.6-1 圆跳动公差

| 公差特征及符号 | 公差带的定义 | 标注和解释 |
|---|---|---|
| 圆跳动 ↗ | 公差带为在任一垂直于基准轴线的横截面内,半径差为公差值 $t$,圆心在基准轴线上的两同心圆所限定的区域 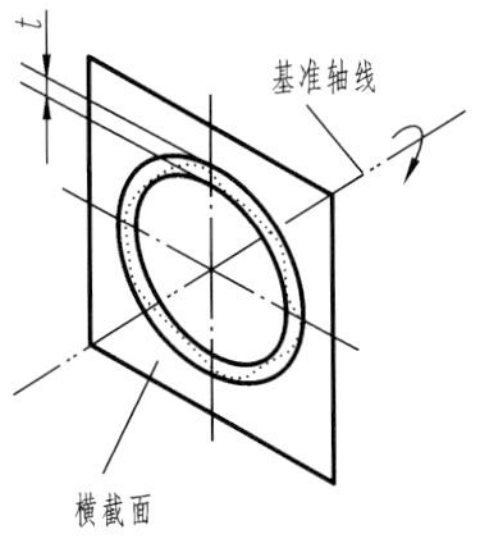  | 当被测要素围绕基准线 $A$ 的约束旋转一周时,在任一测量平面内的径向圆跳动量均不得大于 0.05 mm 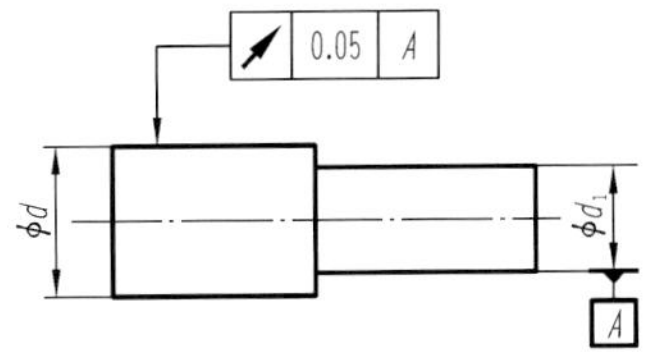  |
| | 公差带是在与基准同轴的任一半径位置的测量圆柱面上距离为 $t$ 的两圆之间的区域 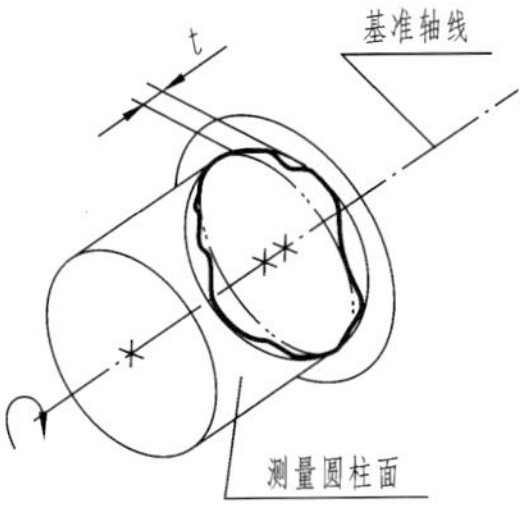  | 被测面围绕基准线 $D$ 旋转一周时,在任一测量圆柱面内轴向的跳动量均不得大于 0.1 mm 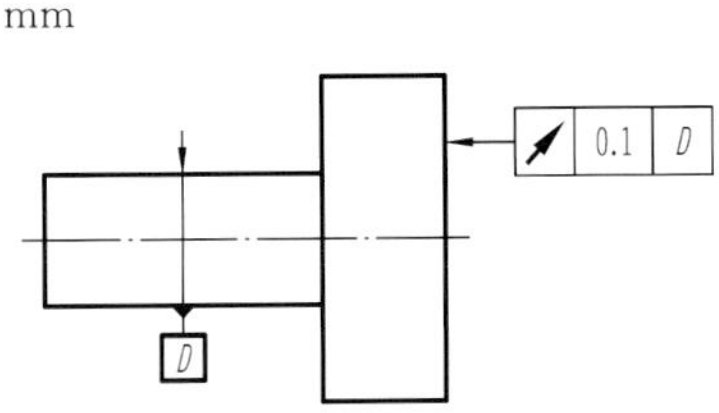  |

| 公差特征及符号 | 公差带的定义 | 标注和解释 |
| --- | --- | --- |
| 圆跳动 ↗ | 公差带是在与基准同轴的任一测量圆锥面上距离为 $t$ 的两圆之间的区域(除另有规定，其测量方向应与被测面垂直) 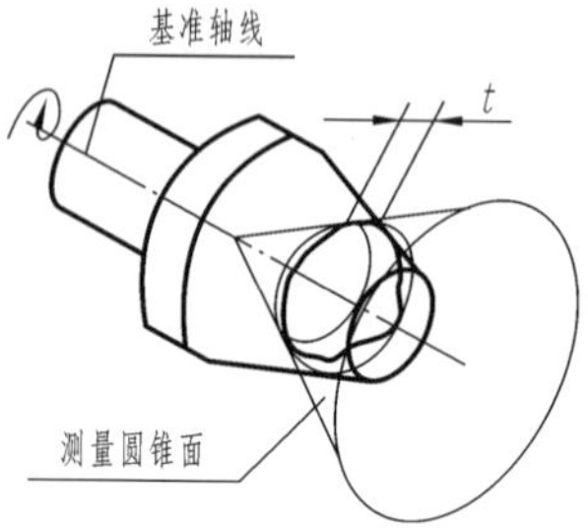 | 被测面围绕基准线 $A$ 旋转一周时，在任一测量圆锥面上的跳动量均不得大于 0.05 mm 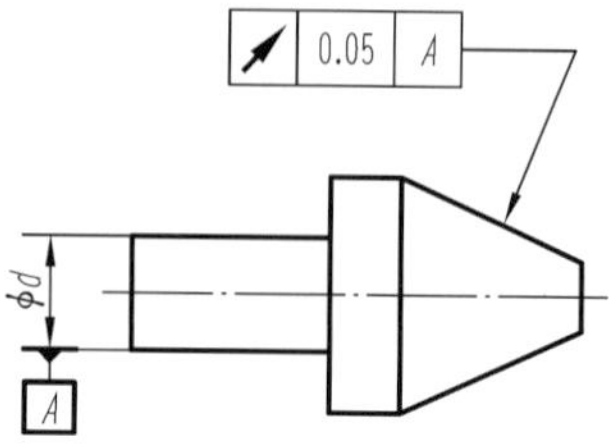 |

2. 全跳动

全跳动用于表示零件绕基准轴线连续旋转时沿整个被测表面的跳动量。

全跳动公差是被测实际要素绕基准轴线连续旋转，同时指示器沿其理想轮廓相对移动时，所允许的最大跳动量，如表 C202.6-2 所示。

表 C202.6-2 全跳动公差

| 公差特征及符号 | 公差带的定义 | 标注和解释 |
| --- | --- | --- |
| 全跳动 ⌰ | 公差带是半径差为公差值 $t$ 且基准同轴的两圆柱面之间的区域 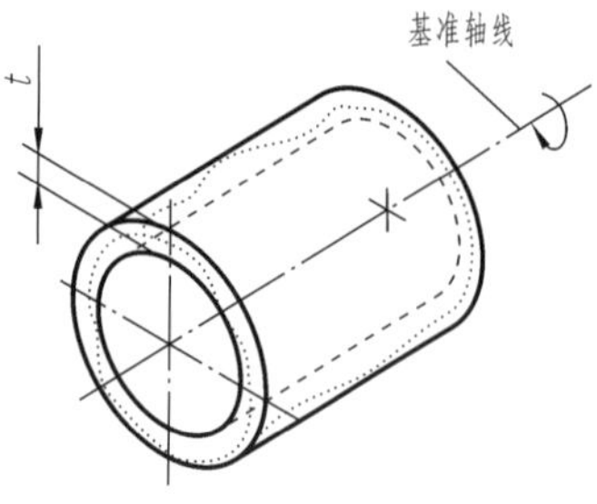 | 被测要素围绕公共基准线 $A$—$B$ 作若干次旋转，并在测量仪器与工件间同时作轴向的相对移动时，被测要素上各点间的示值均不得大于 0.2 mm。测量仪器或工件必须沿着基准轴线方向并相对于公共基准轴线 $A$—$B$ 移动 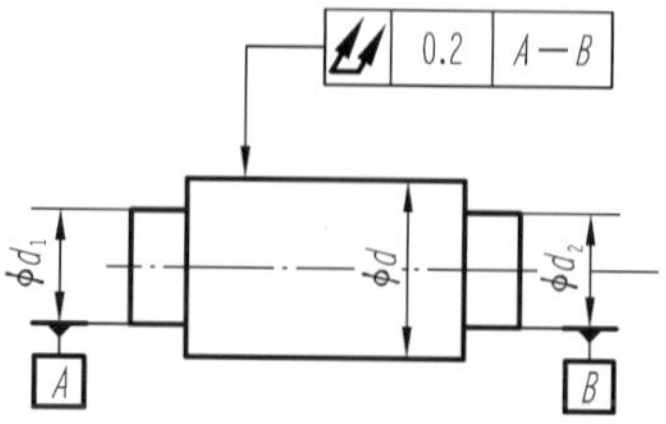 |

续表

| 公差特征及符号 | 公差带的定义 | 标注和解释 |
| --- | --- | --- |
| 全跳动 ⌰ | 公差带是距离为公差值 $t$ 且与基准垂直的两平行平面之间的区域 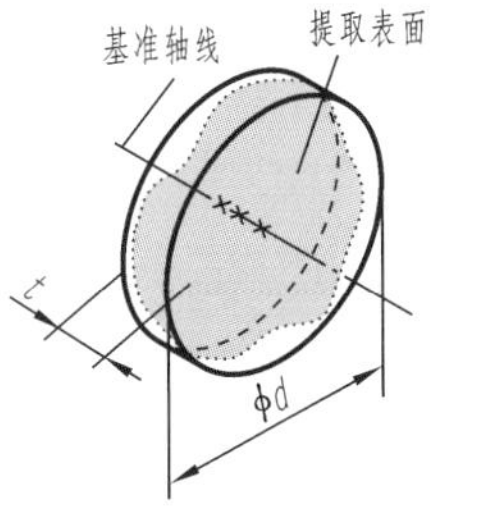<br>基准轴线 提取表面 $t$ $\phi d$ | 被测要素围绕基准线 $D$ 作若干次旋转，并在测量仪器与工件间作径向相对移动时，被测要素上各点间的示值差均不得大于 0.1 mm。测量仪器或工件必须沿着轮廓具有理想正确形状的线和相对于基准轴线 $D$ 的正确方向移动 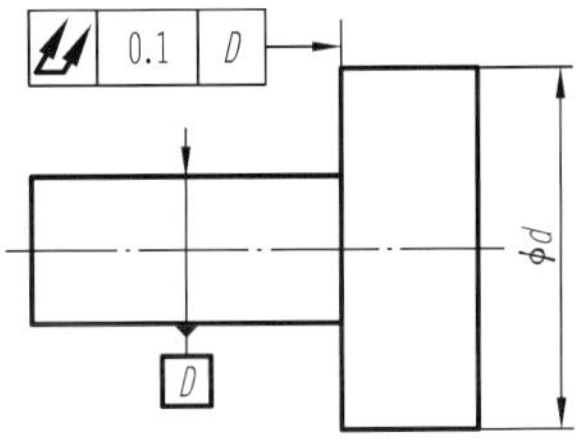<br>0.1 D D $\phi d$ |

链接知识 C202.6

跳动公差

# 链接知识 C401.7 几何误差的检测

**1. 认识百分表、千分表**

百分表是长度测量工具，广泛应用于测量工件几何形状误差及位置误差。百分表具有防震机构，可靠性高，能精确到 0.01 mm，如图 C401.7-1 所示。

千分表是高精度的长度测量工具，用于测量工件几何形状误差及位置误差，其比百分表更精确，能精确到 0.001 mm，如图 C401.7-2 所示。

图 C401.7-1　百分表

图 C401.7-2　千分表

杠杆千分表体积小、方便携带、精度高，适用于一般百分表、千分表难以测量的场所，如图 C401.7-3 所示。

深度百分表适用于工件深度、台阶等尺寸的测量，如图 C401.7-4 所示。

**2. 使用百分表、千分表**

百分表和千分表是将测量杆的直线位移通过齿条和齿轮传动系统转变为指针的角位移进行读数的一种长度测量工具，广泛用于测量精密件的形位误差，也可借助比较法用其测量工件的长度，其具有防震机构，可靠性高。百分表的结构如图 C401.7-5 所示，分度值为 0.01 mm。百分表和千分表的规格见表 C401.7-1。

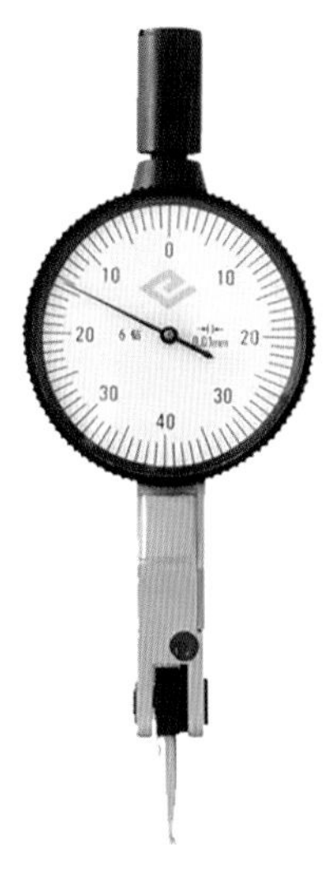

图 C401.7-3　杠杆千分表

图 C401.7-4　深度百分表

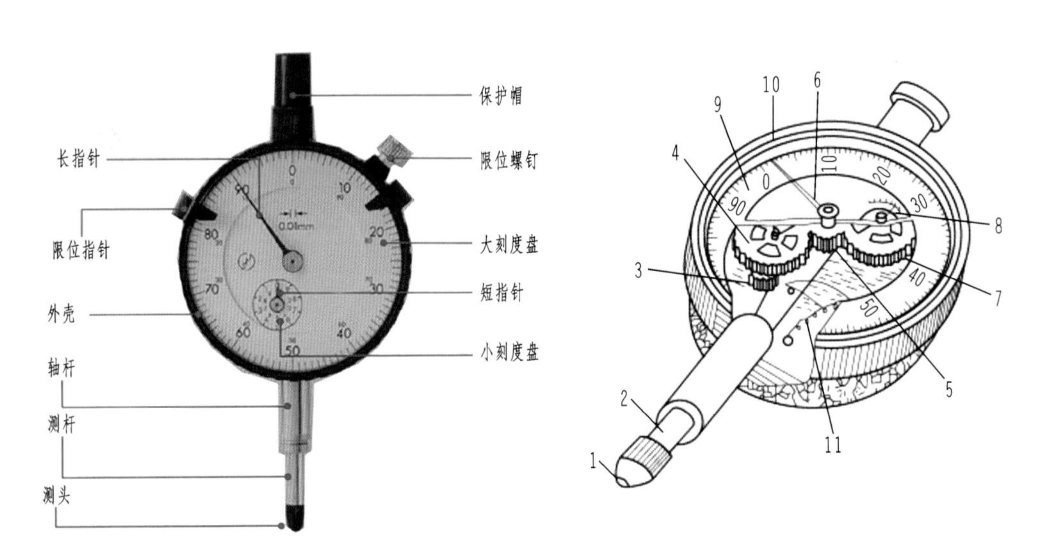


图 C401.7-5　百分表

1—触头；2—测杆；3—小齿轮；4、7—大齿轮；5—中间小齿轮；

6—长指针；8—短指针；9—表盘；10—表圈；11—拉簧

表 C401.7-1　百分表和千分表的规格

| 品　　种 | 测量范围/mm | 分度值/mm |
| --- | --- | --- |
| 百分表(GB 1219—85) | 0～3,0～5,0～10 | 0.01 |
| 大量程百分表(GB 6311—86) | 0～30,0～50,0～100 | |
| 千分表(GB 6309—86) | 0～1,0～2,0～3,0～5 | 0.001 |

1）刻线原理

当测量杆上升 1 mm 时，百分表的长指针正好转动一周，由于百分表的表盘上共刻有 100 个等分格，所以长指针每转一格，测量杆移动 0.01 mm。

2）读数方法

长指针每转一格为 0.01 mm，短指针每转一格为 1 mm，测量时把长短指针读数相加即为测量读数。

3）操作要点

（1）使用前检查表盘和指针有无松动。

（2）测量工件时，将指示表（百分表和千分表）装夹在合适的表座上（见图 C401.7-6），装夹指示表时，夹紧力不能过大，以免套筒变形，使测杆卡死或运动不灵活。用手指向上轻抬测头，然后让其自由落下，重复几次，此时长指针不应产生位移。



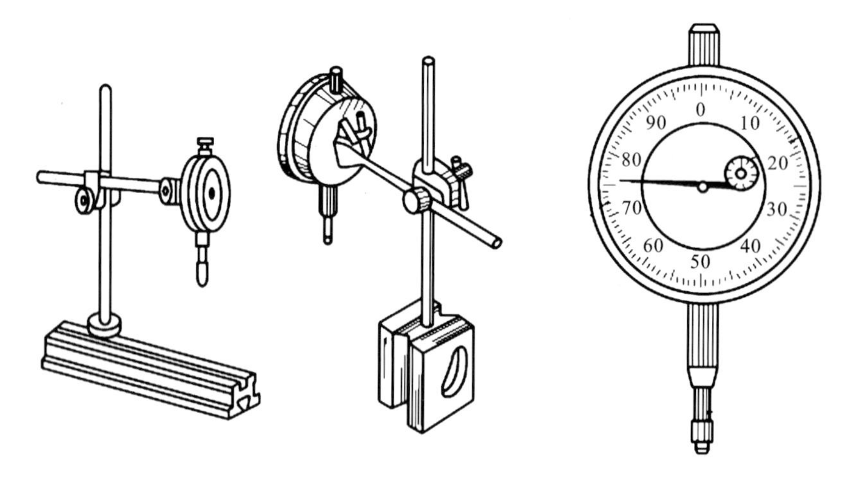


**图 C401.7-6　百分表安装及使用**

（3）测平面时，测量杆要与被测平面垂直。测圆柱体时，测量杆中心必须通过工件中心，即触头在圆柱最高点。注意测量杆应有 0.3～1 mm 的压缩量，保持一定的初始力，以免由于存在负偏差而测不出值来。测量圆柱件最好用刀口形测头，测量球面件可用平面测头，测量凹面或形状复杂的表面可用尖形测头。

（4）测量时先将测量杆轻轻提起，把表架或工件移到测量位置后，缓慢放下测量杆，使之与被侧面接触，不可强制把测量头推上被测面。然后转动刻度盘使其零位对正长指针，此时要多次重复提起测量杆，观察长指针是否都在零位上，在不产生位移情况下才能读数。

（5）测量读数时，测量者的视线要垂直于表盘，以减小视差。测量完毕后，测头应洗净擦干并涂防锈油。测量杆上不要涂油。如有油污，应擦干净。

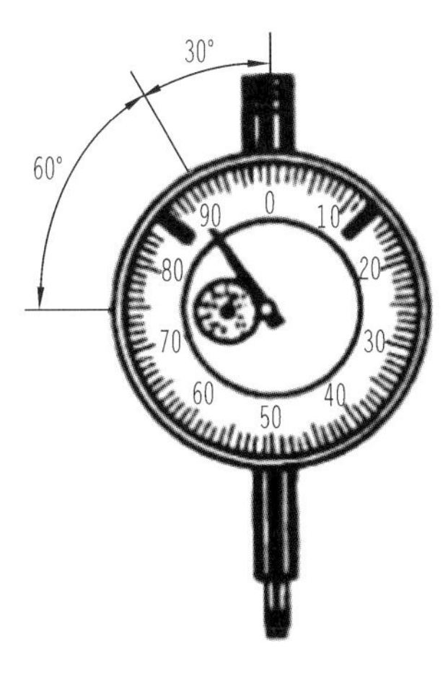

图 C401.7-7　检查指针

4）操作步骤

（1）使用前。

① 检查外观。检查表蒙是否透明，不允许有破裂和脱落现象；后盖封得要严密；测量杆、测头、装夹套筒等活动部位不得有锈迹、划痕等影响使用性能；表圈转动应平稳，静止要可靠。

② 检查指针。测量杆处于自由状态，指针应位于从"0"位开始逆时针方向处的30°～90°之间，如图C401.7-7所示。如指针指在其他位置，则不符合要求，应送到量具检修部门检定。

③ 检查灵敏度。拨动测量杆，测量杆的移动应平稳、灵活，无卡住现象，指针与表盘不得有摩擦现象，表盘应无晃动。

④ 检查稳定性。如图C401.7-8所示，拨动测量杆几次，看指针是否回到原位，如果不回到原位，则允许误差不大于±0.003 mm。如果超差，说明百分表的稳定性不合格。稳定性不合格的表不可使用。

⑤ 检查百分指针和转数指针的关系。对于具有转数指针的百分表，当转数指针指示在整转数时，百分指针偏离"0"位应不大于15个刻度，如图C401.7-9所示。

⑥ 检查测量杆的行程。如图C401.7-10所示，百分表测量杆的行程应符合相关要求。

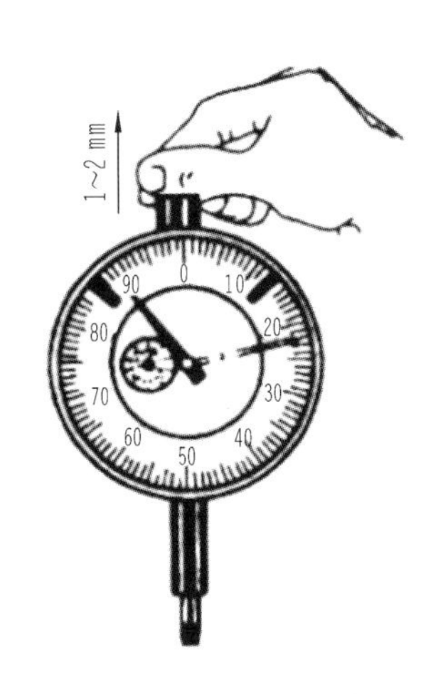

图 C401.7-8　检查稳定性

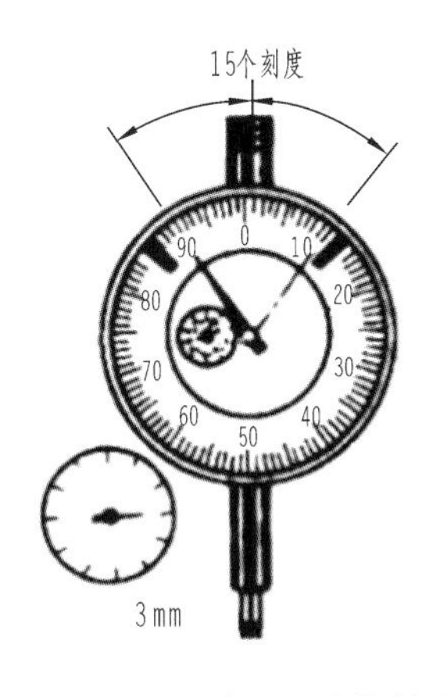

图 C401.7-9　检查百分指针和转数指针的关系

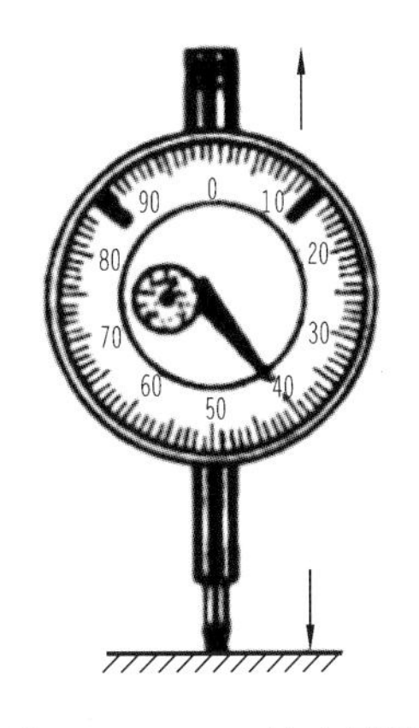

图 C401.7-10　检查测量杆的行程

（2）使用中。

百分表调零的方法如下。

方法一：使指针保持不动，转动表盘使其上的“0”刻线与指针重合。

方法二：在表体上有一个指针调整旋钮，如图 C401.7-11 所示，转动该旋钮对准“0”刻线。国产的百分表大都没有指针调整旋钮，如图 C401.7-12 所示，所以都用转动表盘的方法调“0”。

图 C401.7-11　有调整旋钮的百分表

图 C401.7-12　无调整旋钮的百分表

注意事项一：用百分表作绝对测量时，用测量基准作为调“0”的基准，如图 C401.7-13 所示。

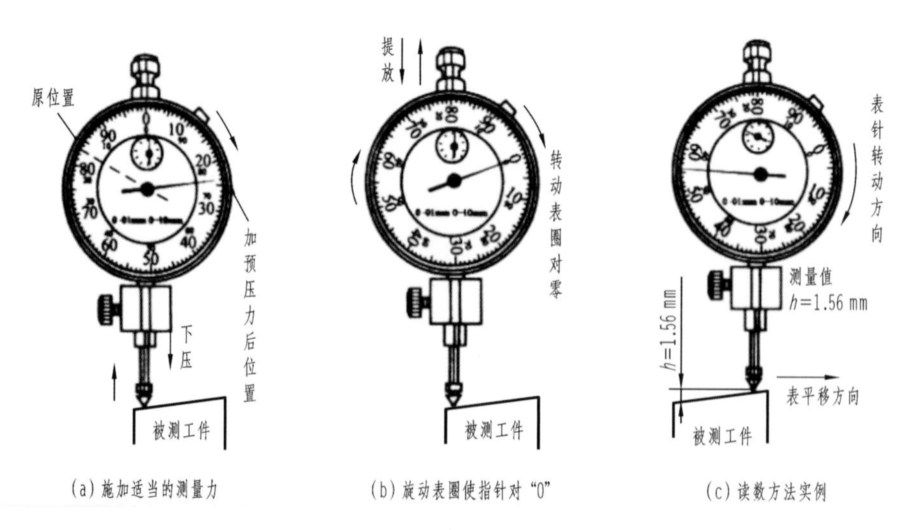


(a) 施加适当的测量力　(b) 旋动表圈使指针对“0”　(c) 读数方法实例

图 C401.7-13　百分表绝对调零与读数方法

注意事项二：用百分表作相对测量时，用量块作为调“0”的基准，如图 C401.7-14 所示。先提起测量杆使测头与基准表面接触，并使指针转过半圈至一圈，然后把表紧固住，再把测量杆提起 1～2 mm，然后轻轻放下，这样反复进行 2～3 次，看百分表的稳定性，如果稳定性合格，就转动表盘，使其“0”刻线与指针重合，然后提起测量杆使其自行落下，检查指针是否仍与“0”刻线重合。如果重合，则说明已调好“0”，否则就再转动表盘调“0”。

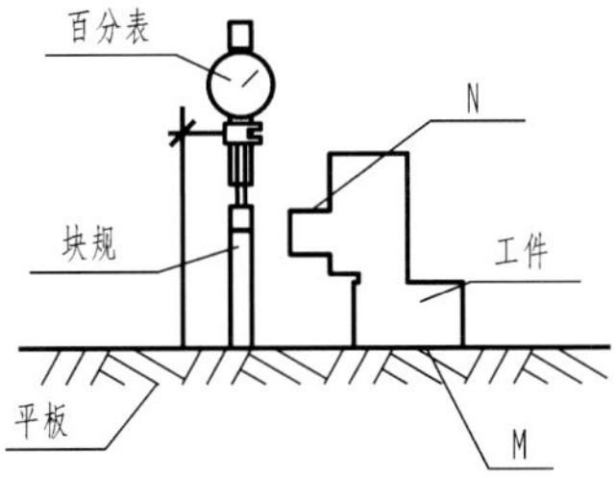

**图 C401.7-14　百分表相对调零方法**

注意事项三：在测量中也可以不调“0”，而是把测头与基准面接触，使指针预先转过半圈至一圈，此时指针停在什么位置，就以该位置作为测量的起始位置。

**3. 百分表应用场合**

百分表是一种精度较高的比较量具，它只能测出相对数值，不能测出绝对值，主要用于检测工件的几何公差（如圆度、平面度、垂直度、圆跳动等），也可用于校正零件的安装位置，以及测量零件的内径等，如图 C401.7-15 所示。

**4. 常用表类量具的维护保养**

（1）使用时要仔细，提压测量杆的次数不要过多，以免损坏机件、加剧测量头端部及齿轮系统等的磨损。

（2）不允许测量表面粗糙或有明显凹凸的工作表面，这会使精密量具的测量杆发生歪扭和受到旁侧压力，从而损坏测量杆和机件。

（3）应避免剧烈震动和碰撞，不要使测量头突然撞击在被测表面上，以防测量杆弯曲变形，更不能敲打表的任何部位。

（4）当测量杆移动不灵活或发生阻滞时，不允许用强力推压测量头，应送交维修人员进行检查修理。

（5）不应把精密量具放置在机床的滑动部位，以免使量具轧伤和摔坏。

（6）不要把精密量具放在磁场附近，以免使机件失去精度。

（7）应防止水或油渗入百分表内部，不应使量具与切削液或冷却剂接触，以免腐蚀机件。

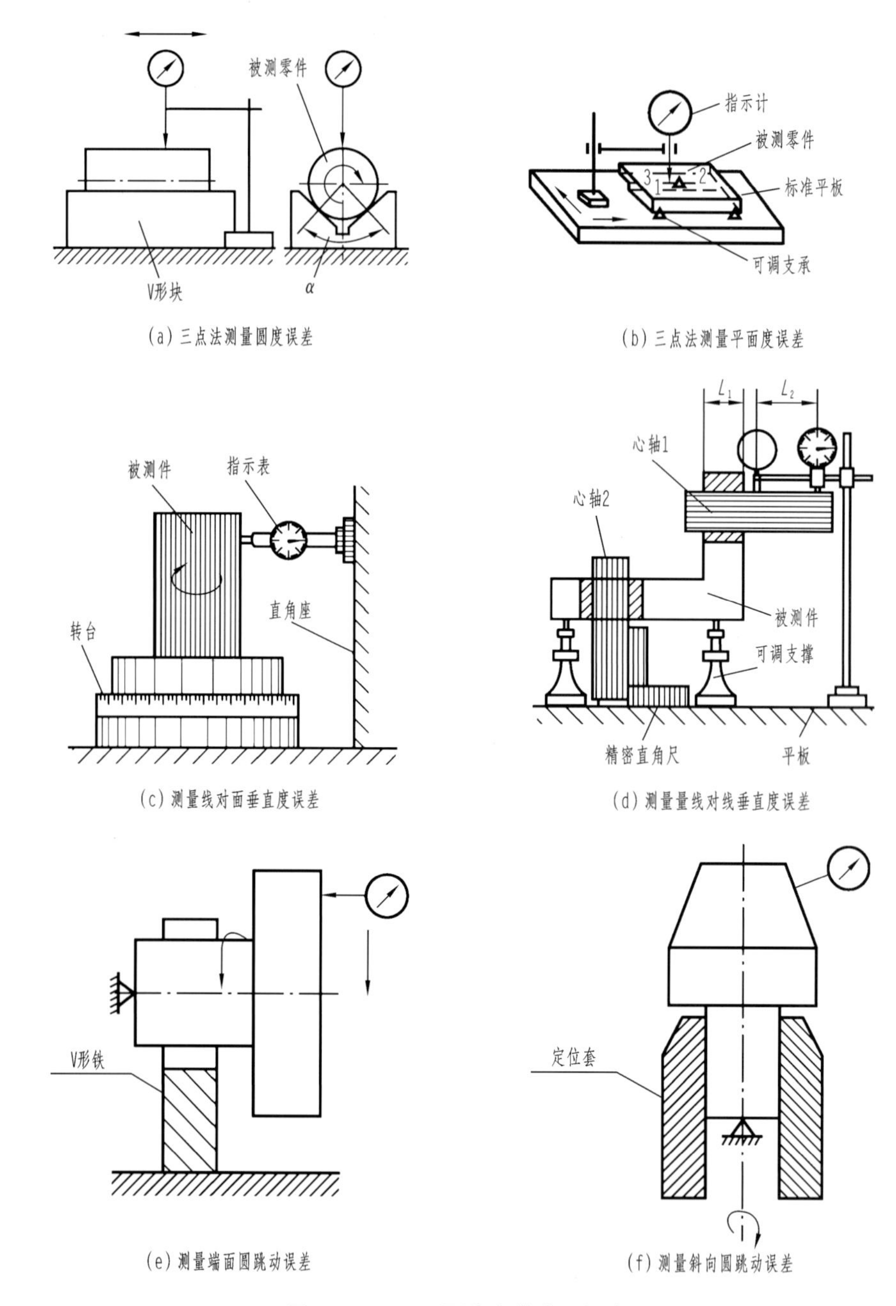


**图 C401.7-15　百分表的应用场合**

(8) 不要随便拆卸精密量表或表体的后盖，以免尘埃及油污渗入机件，造成传动系统障碍或弄坏机件。

(9) 精密量表上不准涂有任何油脂，否则会使测量杆和套筒黏结，造成动作不灵活，而且油脂易黏结尘土，从而损坏量表内部的精密机件。

（10）不使用时，应使测量杆处于自由状态，不应附加任何压力。

（11）若发现百分表有锈蚀现象，应立即检修，不允许用砂纸擦拭测量杆上的污锈。

（12）精密量表不能与锉刀、凿子等工具堆放在一起，以免擦伤、碰伤精密测量杆或打碎玻璃表盖等。

【探究交流】

测量以内孔为基准的轴套外圆柱的同轴度误差，如图 C401.7-16 所示。

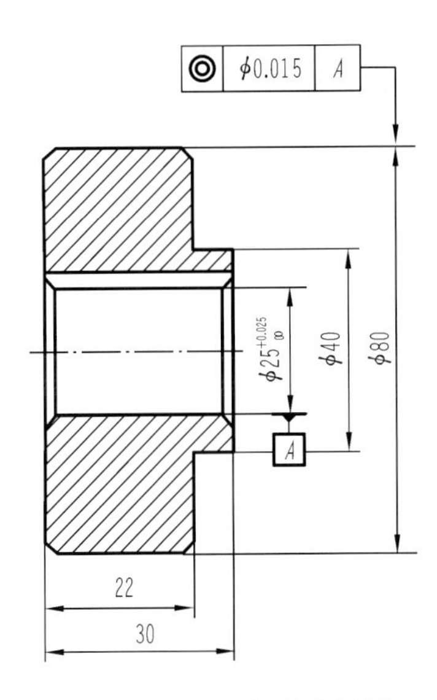


图 C401.7-16　探究交流图

## 链接知识 C301 表面结构及其评定参数

表面结构要求包括零件表面的表面结构参数、加工工艺、表面纹理及方向、加工余量、传输带、取样长度等。

### 1. 表面结构要求的基本概念

经过机械加工后的零件表面会留有许多高低不平的凸峰和凹谷，如图 C301-1 所示。表面质量与加工方法、刀刃形状和切削用量等各种因素都有密切关系，它对零件摩擦、磨损、配合性质、疲劳强度、接触刚度等都有显著影响。

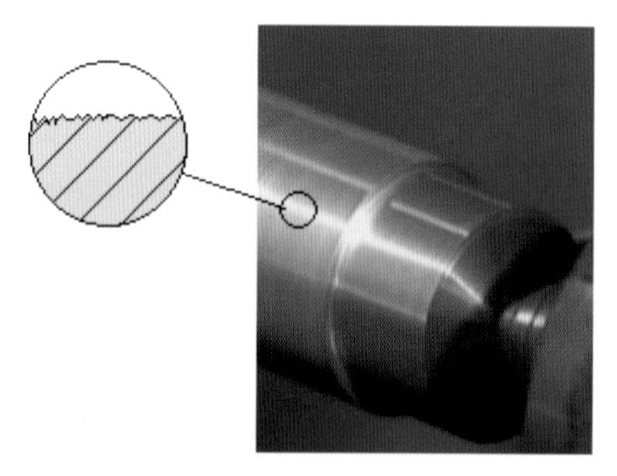

图 C301-1　经过机械加工后的零件表面

1）对摩擦、磨损的影响

当两个表面作相对运动时，一般情况下表面越粗糙，摩擦因数、摩擦阻力越大，表面磨损也越快。

2）对配合性质的影响

对间隙配合，粗糙度表面会因峰尖磨损很快而使间隙很快增大；对过盈配合，粗糙表面的峰顶被挤平，使实际过盈减小，影响连接强度。

3）对疲劳强度的影响

表面越粗糙，微观不平的凹痕就越深，在交变应力的作用下易产生应力集中，使表面出现疲劳裂纹，从而降低零件的疲劳强度。

4）对接触刚度的影响

表面越粗糙，表面间的实际接触面积就越小，单位面积受力就越大，峰顶处的局部塑性变形就越大，接触刚度越低，从而影响机器的工作精度和抗震性能。

此外，表面质量还影响零件表面的抗腐蚀性、密封性和润滑性等。

总之，表面质量直接影响零件的使用性能和寿命。因此，应对零件的表面质量加以合理规定。

**2. 表面结构要求的评定参数**

表面结构要求的评定参数有 $R$ 参数（表面粗糙度参数）、$W$ 参数（波纹度参数）、$P$ 参数（原始轮廓参数）。本书仅介绍 $R$ 参数。

1）算术平均差

算术平均差 $Ra$ 是指在一个取样长度 $l_r$ 内轮廓上各点至轮廓中线距离的算术平均值，如图 C301-2 所示。其表达式为

$$Ra=\frac{1}{n}(Y_1+Y_2+\cdots+Y_n)$$

式中，$Y_1+Y_2+\cdots+Y_n$ 分别为轮廓上各点至轮廓中线的距离。

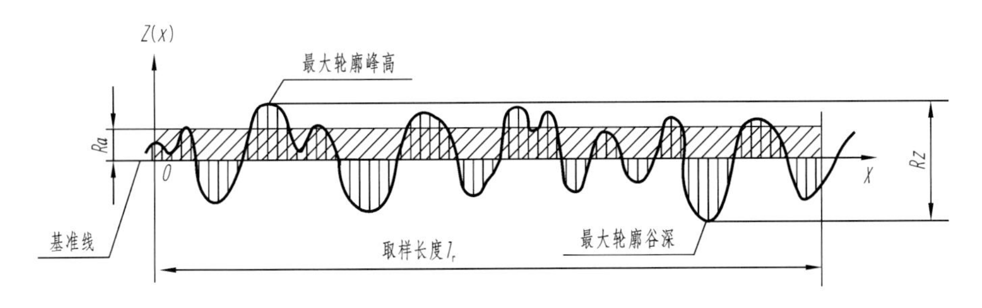


**图 C301-2　算术平均差 $Ra$ 和轮廓最大高度 $Rz$**

2）轮廓最大高度

轮廓最大高度 $Rz$ 是指在一个取样长度 $l_r$ 内，最大轮廓峰高与最大轮廓谷深之间的高度，如图 C301-2 所示。

3）轮廓单元的平均宽度

轮廓单元的平均宽度 $R_{sm}$ 是指在一个取样长度 $l_r$ 内，轮廓单元宽度 $x_s$ 的平均值，如图 C301-3 所示。

**3. $R$ 参数的选用**

$R$ 参数的选择应遵循在满足表面功能要求的前提下，尽量用较大的参数值的基本原则，以便简化加工工艺，降低加工成本。

$R$ 参数的选择一般采用类比法，不同 $R$ 参数表面的特征、加工方法及应用举例见表 C301-1。

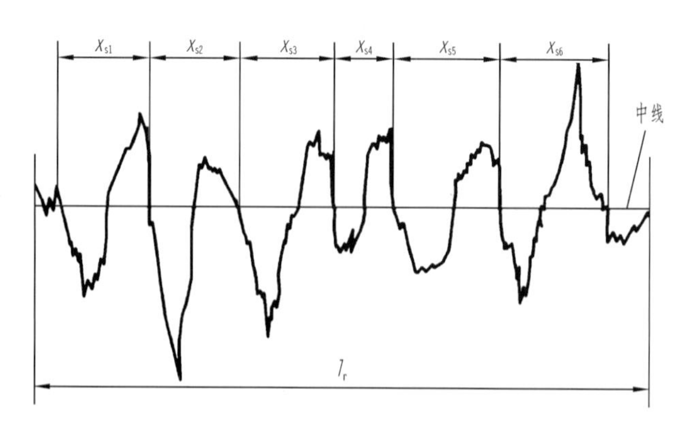


**图 C301-3　轮廓单元的平均宽度 $R_{sm}$**

表 C301-1　不同 $R$ 参数表面的特征、加工方法及应用举例

| 表面特征 | | $Ra/\mu m$ | 加工方法 | 应用举例 |
|---|---|---|---|---|
| 粗糙表面 | 可见刀痕 | >20～40 | 粗车、粗刨、粗铣、钻、粗锉、锯 | 半成品粗加工后的表面，非配合的加工表面，如轴端面、倒角、钻孔、齿轮的侧面、带轮的侧面、键槽底面、垫圈接触面等 |
| | 微见刀痕 | >10～20 | | |
| 半光表面 | 微见加工痕迹 | >5～10 | 车、铣、镗、刨、钻、锉、粗磨、粗铰 | 轴上不安装轴承、齿轮处的非配合表面、紧固件的自由装配表面等 |
| | | >2.5～5 | 车、铣、镗、刨、钻、锉、滚压、电火花加工、粗刮 | 半精加工表面，箱体、支架、端盖、套筒等与其他零件结合而无配合要求的表面，需要发蓝的表面等 |
| | 看不清加工痕迹 | >1.25～2.5 | 车、铣、镗、刨、磨、拉、刮、滚压、铣齿 | 接近于精加工表面，齿轮的齿面、定位销孔、箱体上安装轴承的镗孔表面 |
| 光表面 | 可辨加工痕迹的方向 | >0.63～1.25 | 车、铣、镗、磨、拉、刮、精铰、研磨 | 要求保证定心及配合特征的表面，如锥销、圆柱销，与滚动轴承相配合的轴颈、磨削的齿轮表面，普通车床的导轨面，内、外花键定心表面等 |
| | 微辨加工痕迹的方向 | >0.32～0.63 | 精铰、精镗、磨、刮、滚压、研磨 | 要求配合性质稳定的配合表面，受交变应力作用的重要零件，较高精度车床的导轨面 |
| | 不可辨加工痕迹的方向 | >0.16～0.32 | 布轮磨、精磨、研磨、超精加工、抛光 | 精密机床主轴锥孔，顶尖圆锥面发动机曲轴，凸轮轴工作表面，高精度齿轮齿面 |

续表

| 表面特征 | | $Ra/\mu m$ | 加工方法 | 应用举例 |
|---|---|---|---|---|
| 极光表面 | 暗光泽面 | >0.08～0.16 | 精磨、研磨、超精车、抛光 | 精密机床主轴颈表面，汽缸内表面，活塞销表面，仪器导轨面，阀的工作面，一般量规测量面等 |
| | 亮光泽面 | >0.04～0.08 | 超精磨、镜面磨削、精抛光 | 精密机床主轴颈表面，滚动导轨中的钢球，滚子和高速摩擦的工作表面 |
| | 镜状光泽面 | >0.01～0.04 | | 高压柱塞泵中柱塞和柱塞套的配合表面，中等精密仪器零件配合表面 |
| | 镜面 | ≤0.01 | 镜面磨削、超精研 | 高精密量仪、量块的工作表面，高精密仪器摩擦机构的支撑表面，光学仪器中的金属镜面 |



在具体选择 $R$ 参数时应考虑下列因素。

(1) 在同一零件上，工件表面一般比非工作表面的表面粗糙度参数值要小。

(2) 摩擦表面比非摩擦表面的表面粗糙度参数值要小；滚动摩擦表面比滑动摩擦表面的表面粗糙度参数值要小；运动速度高、压力大的摩擦表面比运动速度低、压力小的摩擦表面的表面粗糙度参数值要小。

(3) 承受循环载荷的表面极易引起应力集中的结构(圆角、沟槽等)，其表面粗糙度参数值要小。

(4) 配合精度要求高的结合表面、配合间隙小的配合表面及要求连接可靠且承受重载的过盈配合表面，均应取较小的表面粗糙度参数值。

(5) 配合性质相同时，在一般情况下，零件尺寸越小，则表面粗糙度参数值应越小；在同一精度等级时，小尺寸比大尺寸、轴比孔的表面粗糙度参数值要小；通常当尺寸公差、表面形状公差小时，表面粗糙度参数值要小。

(6) 防腐性、密封性要求越高，表面粗糙度参数值应越小。

**4. $R$ 参数的检测**

检测对表面粗糙度参数要求不严的表面时，通常采用比较法；当检测精度较高，要求获得准确评定参数时，则需采用专业仪器检测表面粗糙度参数。

1) 比较法

比较法是指将被测表面与标准粗糙度样块进行比较，用目测和手摸方式来判断表面粗糙度的一种检测方法，比较时还可借助放大镜、比较显微镜等工具，以减小误差，提高判断的准确性。比较时，应使样块与被检测表面的加工纹理方向保持一致。

这种方法简便易行，适用于在车间现场使用。但其评定的可靠性在很大程度上取决于检测人员的经验，往往误差较大。

2）仪器检测法

传统的仪器检测方法有光切法、干涉法和感触法（又称针描法）。

光切法和干涉法分别利用光切显微镜、干涉显微镜观测被测表面实际轮廓的放大光亮带和干涉条纹，再通过计量、计算获得 $Rz$ 值。

感触法是利用电动轮廓仪（见图 C301-4）测量被测表面的 $Ra$ 值的方法。测量时使触针以一定速度划过被测表面，传感器将触针随被测表面的微小峰、谷的上下移动转化成电信号，对电信号进行传输、放大和积分运算处理后，通过显示器或打印方式显示 $Ra$ 值。

随着电子技术的发展，利用光电传感器、微处理器、液晶显示器等先进技术制造的各种表面粗糙度测量仪在生产中的应用越来越广泛。图 C301-5 所示的微控表面粗糙度测量仪在检测表面粗糙度时，一般可直接显示被测表面实际轮廓的放大图形和多项表面粗糙度特性参数数值，此外，有的测量仪还具有打印功能，可将测得的参数和图形直接打印出来。



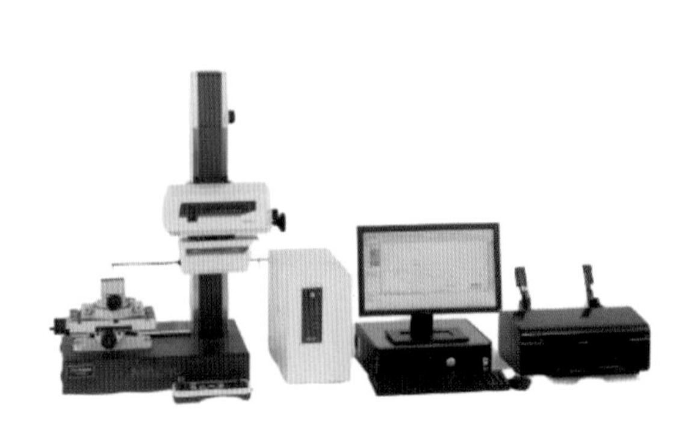

**图 C301-4　电动轮廓仪**

**图 C301-5　微控表面粗糙度测量仪**

# 链接知识 C302 表面结构的图样标注

### 1. 表面结构符号及代号

表面结构符号的含义见表 C302-1。

表 C302-1　表面结构符号的含义

| 符　　号 | 说　　明 |
| --- | --- |
| √ | 基本图形符号:仅用于简化代号标注,没有补充说明时不能单独使用 |
|  | 扩展图形符号;表示用去除材料方法获得的表面,如通过机械加工获得的表面 |
|  | 扩展图形符号:表示不去除材料的表面,如经铸、锻、冲压成型、热轧、冷轧、粉末冶金等形成的表面;也用于保持上道工序形成的表面,不管这种状况是去除材料还是不去除材料形成的 |
|  | 完整图形符号;当要求标注表面结构特征的补充信息时,应在原符号上加一横线 |

国家标准中,表面结构代号中各参数注写位置如图 C302-1 所示。

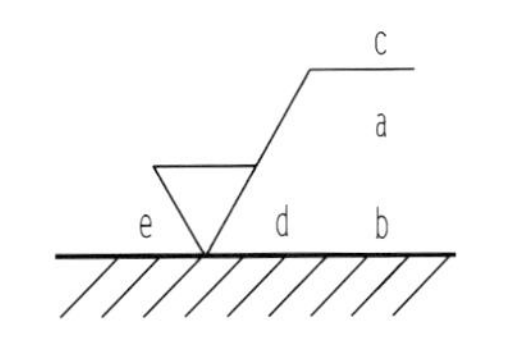


**图 C302-1　表面结构代号**

1) 表面结构要求在完整图形符号上的标注位置

在完整图形符号周围的各个指定位置上分别标注下类技术要求。

(1) 位置 a。注写表面结构的单一要求。标注表面结构参数代号、极限值(数值)、传输带或取样长度。为了避免误解,在参数代号和极限值间应插入空格。传输带或取样长度后应有一斜线"/",之后是表面结构参数代号,最后是数值。

(2) 位置 b。当需要注写两个表面结构要求时,在此处标注。若需要注写第三个或更多个表面结构要求，图形符号应在符号垂直方向扩大，以空出足够的空间。扩大图形符号时，a 和 b 的位置随之上移。

（3）位置 c。标注加工方法、表面处理、图层或其他加工工艺要求（如车、磨、镀等）。

（4）位置 d。标注表面纹理和方向。

（5）位置 e。标注加工余量（以 mm 为单位）。

2）表面结构要求极限值的标注

按 GB/T 131—2006 的规定，在完整图形符号上标注幅度参数极限值，其给定数值分为下列两种情况。

（1）标注极限值中的一个数值且默认为上限值。

在完整的图形符号上，幅度参数的符号及极限值应一起标注。当只单项标注一个数值时，则默认它是幅度参数的上限值。标注图例如图 C302-2 所示（默认传输带，默认评定长度 $l_n=5l_r$，默认 16%规则）。

**图 C302-2　幅度参数值默认为上限制的标注**



（2）同时标注上、下限值。

需要在完整图形符号上同时标注幅度参数上、下限值时，应分成两行标注幅度参数符号和上、下限值。上限值标注在上方，并在传输带的前面加注符号 U。下限值标注在下方，并在传输带的前面加注符号 L。当传输带采用默认的标准化值而省略标注时，则在上方和下方幅度参数符号的前面加注符号 U 和 L，如图 C302-3 所示（去除材料，默认传输带，默认 $l_n=5l_r$，默认 16%规则）。

**图 C302-3　两个幅度参数值分别确认上、下限值的标注**

对某一表面标注幅度参数的上、下限值时，在不引起歧义的情况下，可以不加写 U、L。

3）极限值判断规则的标注

对于判断规则的论述见前面，标注方式如图 C302-4 所示。

4）传输带和取样长度、评定长度的标注

如果表面结构代号上没有标注传输带，则表示采用默认传输带，及默认短波滤波器和长波滤波器的截止波长（$\lambda_s$ 和 $\lambda_c$）标准化值。需要指定传输带时，传输带标注在幅度

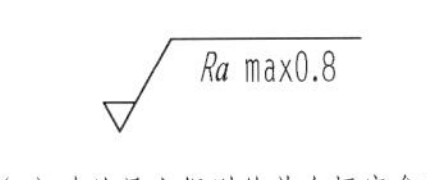


(a) 确认最大规则的单个幅度参数值且默认为上限值的标注

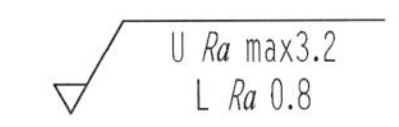


(b) 确认最大规则的上限会下和默认16%规则的下限值的标注

**图 C302-4　极限值判断规则的标注**

参数符号的前面，并用斜线“/”隔开。传输带用短波和长波滤波器的截止波长(mm)进行标注，短波滤波器的截止波长 $\lambda_s$ 在前，长波滤波器的截止波长 $\lambda_c$ 在后($\lambda_c=l_r$)，它们之间用连字号“—”隔开，标注示例如图 C302-5 所示(去除材料，默认 $l_n=5l_r$，幅度参数值默认为上限值，默认 16%规则)。

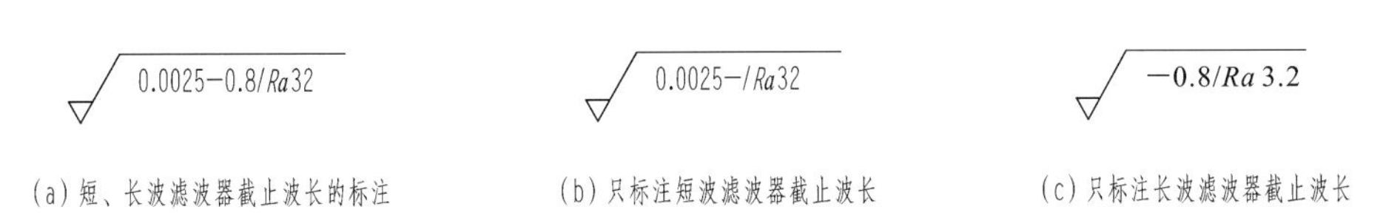


(a) 短、长波滤波器截止波长的标注　(b) 只标注短波滤波器截止波长　(c) 只标注长波滤波器截止波长

**图 C302-5　标注示例**

图 C302-5(a)所示的标注中，传输带 $\lambda_s=0.0025$ mm，$\lambda_c=l_r=0.8$ mm。在某些情况下，传输带只标注两个滤波器截止波长中的一个，另一个滤波器截止波长则采用默认的截止波长标准化值。当只标注一个滤波器截止波长时，应保留连字号“—”来区分是短波滤波器还是长波滤波器，例如图 C302-5(b)所示的标注中，传输带 $\lambda_s=0.0025$ mm，$\lambda_c$ 默认为标准化值；图 C302-5(c)所示的标注中，传输带 $\lambda_c=l_r=0.8$ mm，$\lambda_s$ 默认为标准化值。

设计时若采用标准评定长度，则评定长度只采用默认的标准化值而省略标注。需要指定评定长度时(在评定长度范围内的取样长度个数不等于 5)，应在幅度参数符号的后面注写取样长度的个数，如图 C302-6 所示(去除材料，评定长度 $l_n\neq5l_r$，幅度参数值默认为上限值)。要求 $l_n=3l_r$ 的标注中，$\lambda_c=l_r=1$ mm，$\lambda_s$ 默认为标准化值 0.0025 mm，判断规则默认为 16%规则。要求 $l_n=6l_r$ 的标注中，判断规则采用最大规则。

(a) 要求 $l_n=3l_r$　(b) 要求 $l_n=6l_r$

**图 C302-6　评定长度的标注**

5) 表面纹理的标注

各种典型的表面纹理及其方向用表 C302-2 中规定的符号标注。如果这些符号不能清楚地表示表面纹理要求，可以在零件图上加注说明。

表 C302-2　表面纹理及其方向的符号及标注图例

| 符号 | 说　明 | 图　示 |
| --- | --- | --- |
| = | 纹理平行于视图所在的投影面 | 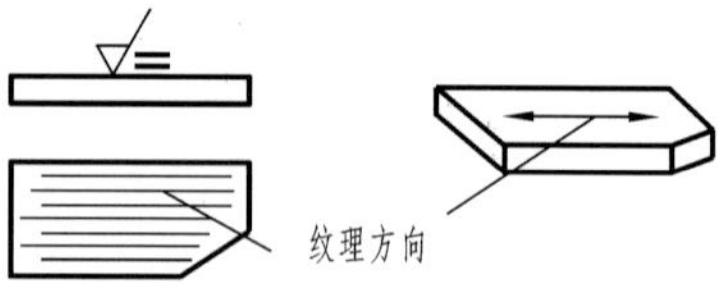 纹理方向 |
| ⊥ | 纹理垂直于视图所在的投影面 | 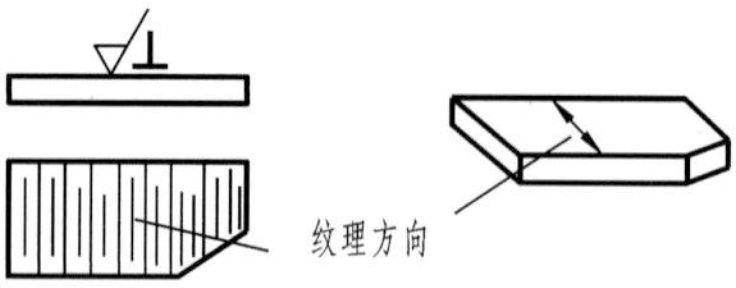 纹理方向 |
| X | 纹理呈两斜向交叉方向 | 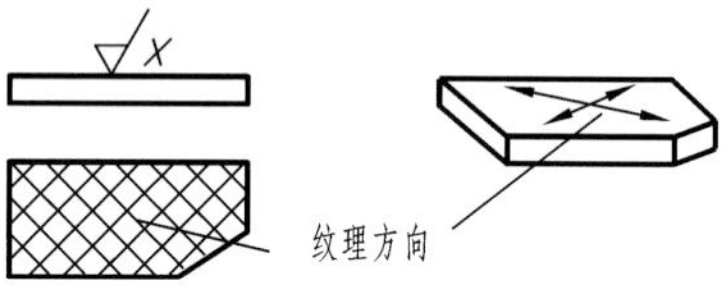 纹理方向 |
| M | 纹理呈多方向 | 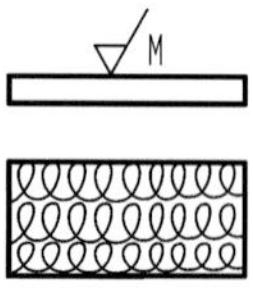 |
| C | 纹理呈近似同心圆且圆心与表面中心相关 | 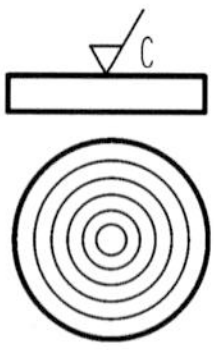 |
| R | 纹理呈近似放射状且与表面中心相关 |  |
| P | 纹理呈微颗粒状，凸起，无方向 | 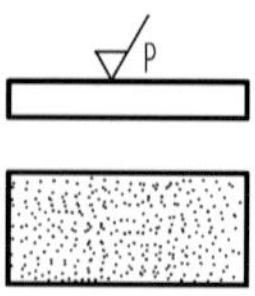 |

6）附加评定参数和加工方法的标注

附加评定参数和加工方法的标注示例如图 C302-7 所示，该图亦为上述各项技术要

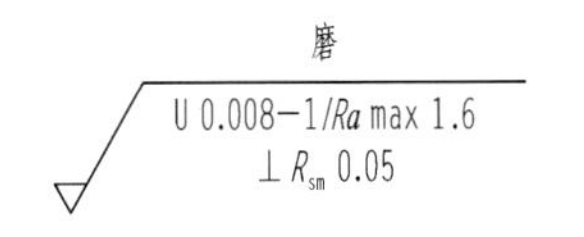


图 C302-7　附加评定参数和加工方法的标注

求在完善图形符号上的标注实例。用磨削的方法获得的表面幅度参数上限值为 1.6 μm(采用最大规则)，下限值为 0.2 μm(默认 16%规则)，传输带采用 $\lambda_s = 0.008$ mm，$\lambda_c = l_r = 1$ mm，评定长度值采用默认的标准化值 5。附加了间距参数 $R_{sm} = 0.05$ mm，加工纹理垂直于视图所在的投影面。

7）加工余量的标注

在零件图上标注的表面结构要求都是针对完工表面的要求，因此不需要标注加工余量。对于有多个加工工序的表面可以标注加工余量。

**2. 表面结构代号在零件图上标注的规定和方法**

1）一般规定

对零件任何一个表面的表面结构要求一般只标注一次，并且用表面结构代号(在周围注写了技术要求的完整图形符号)尽可能标注在相应的尺寸及其极限偏差的同一视图上。除非另有说明，所标注的表面结构要求应是对完工零件表面的要求。此外，表面结构代号上的各种符号和数字的注写和读取方向应与尺寸的注写和读取方向一致，并且表面结构代号的尖端必须从材料外指向并接触零件表面。

为了使图例简单，下属的各个图例中的表面结构代号上都只标注幅度参数符号及上限值，其余的技术要求皆采用默认的标准化值。

2）常规标注方法

(1) 表面结构代号可以标注在可见轮廓线或其延长线、尺寸界线、带箭头的指引线、带黑端点(它位于可见表面上)的指引线上。

图 C302-8 所示的为表面结构代号标注在轮廓线、轮廓线的延长线、尺寸界线和带箭头的指引线上。图 C302-9 所示的为表面结构代号标注在轮廓线、轮廓线的延长线和带箭头的指引线上。图 C302-10 所示的为表面结构代号标注在带黑端点的指引线上。

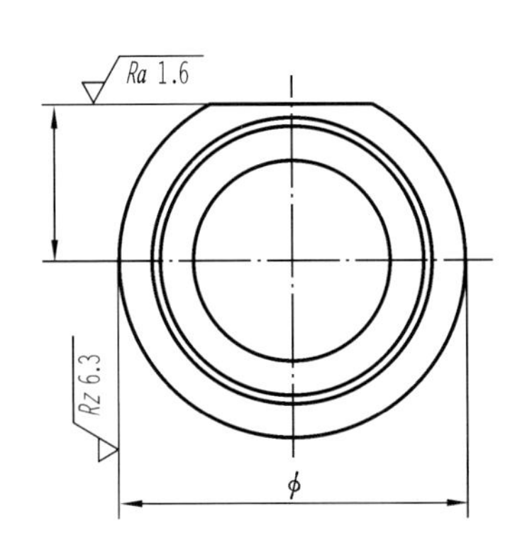


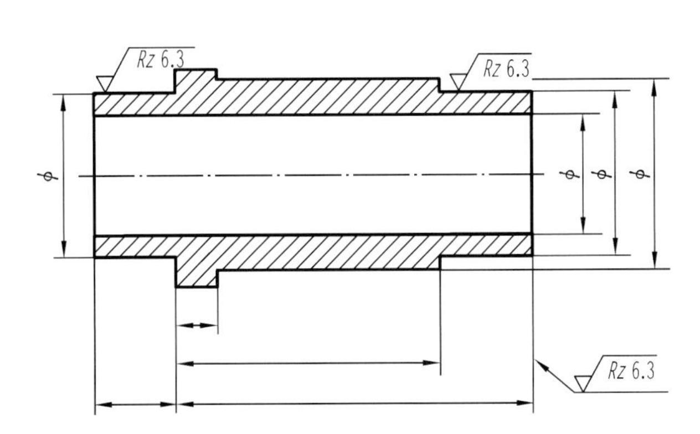


图 C302-8　标注示例 1

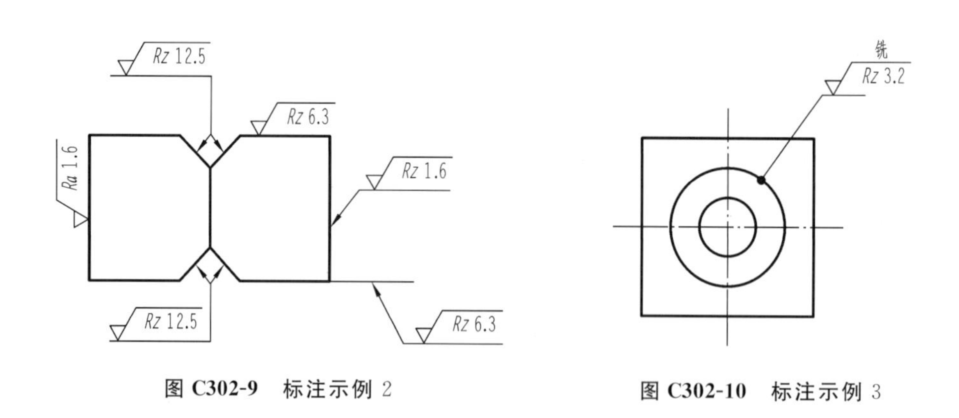


图 C302-9　标注示例 2　　　图 C302-10　标注示例 3

（2）在不引起误解的前提下，表面结构代号可以标注在特征尺寸的尺寸线上，如图 C302-11 所示。

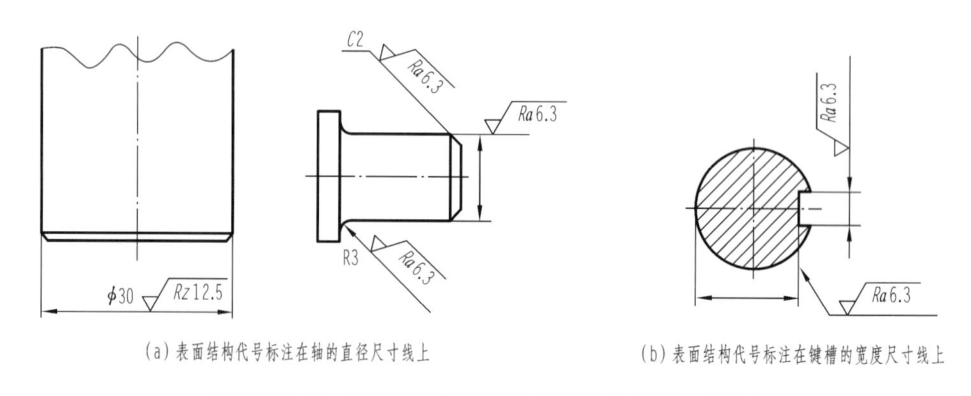


图 C302-11　表面结构代号标注在特征尺寸的尺寸线上

（3）表面结构代号可以标注在几何公差框格的上方，如图 C302-12 所示。

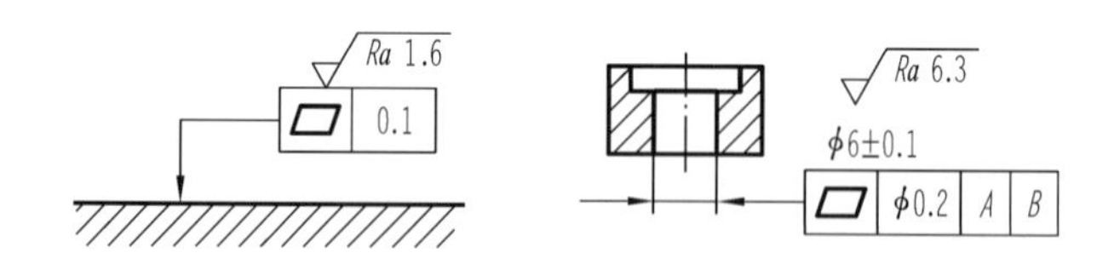


图 C302-12　表面结构代号标注在几何公差框格的上方

3）简化标注方法

（1）当零件的某些表面（或多数表面）具有相同的表面结构要求时，对这些表面的技术要求可以统一标准，在零件图的标题栏附近分别对这些表面进行标注。

采用这种简化标注法时，除了需要标注相关表面统一技术要求的表面结构代号以外，还需要在其右侧画一个圆括号，在括号内给出一个基本图形符号。标注示例如图C302-13的右下角所示，它表示除两个已标注表面结构代号的表面以外的其余表面的表面结构要求。

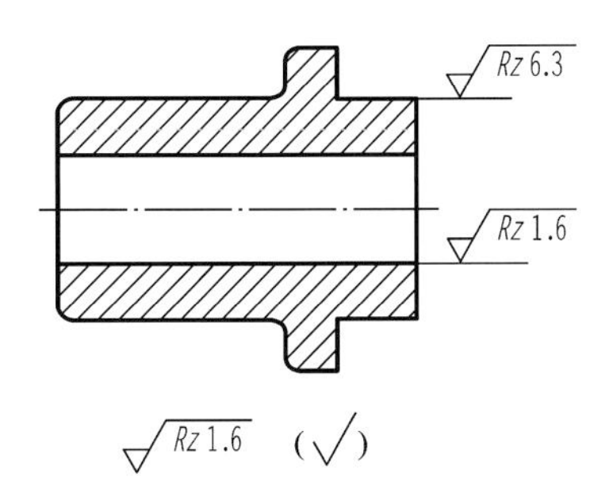


**图 C302-13　零件某些表面具有相同的表面结构要求时的简化标注**

(2) 当零件的几个表面具有相同的表面结构要求或表面结构代号直接标注在零件某表面上受到空间限制时，可以用基本图形符号或只带一个字母的完整图形符号标注在零件这些表面上，而在图形或标题栏附近，以等式的形式标注相应的表面结构代号，如图C302-14所示。

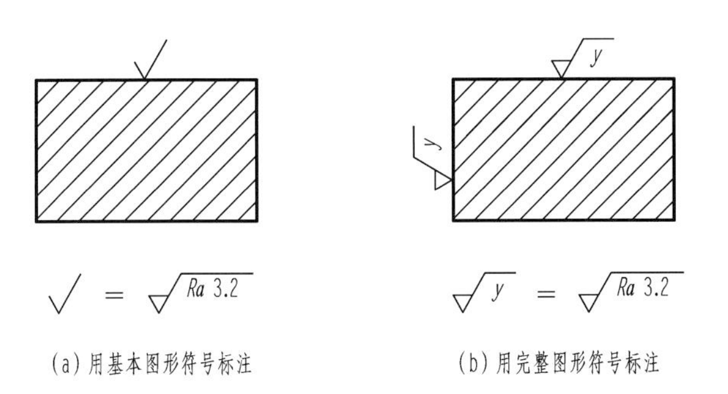


**图 C302-14　用等式形式简化标注的示例**

(3) 当图样某个视图上构成封闭轮廓的各个表面具有相同的表面结构要求时，可以采用图C302-15(a)所示的表面结构特殊符号(即在三个完整图形符号的长边与横线的拐角处加画一个小圆)进行标注。标注示例如图C302-15(b)所示，特殊符号表示对视图上封闭轮廓周边的上、下、左、右四个表面的共同要求，不包括前表面和后表面。

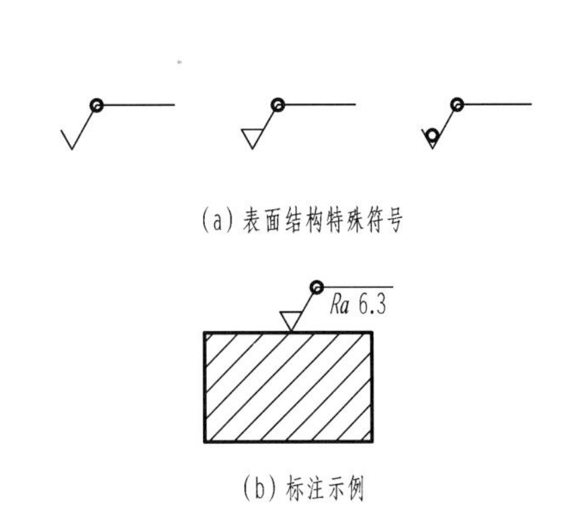


**图 C302-15　封闭轮廓的各个表面具有相同的表面结构要求时的简化注法**

表面结构要求的新旧标准对照如表

C302-3 所示。

表 C302-3　表面结构要求的新旧标准对照

| 旧　标　准 | 新　标　准 | 新标准简要说明 |
| --- | --- | --- |
| 1.6 | Ra1.6 | Ra 采用 16%规则 |
| 1.6 max | Ra max 1.6 | Ra 采用最大规则 |
| 1.6 0.8 | −0.8/Ra1.6 | 取样长度为 0.8 mm，Ra 采用 16%规则 |
| Ry3.2 0.8 | −0.8/Rz 3.2 | 取样长度为 0.8 mm，Rz 采用 16%规则 |
| 1.6<br>Ry6.3 | Ra 1.6<br>Rz6.3 | 两个参数 Ra 和 Rz，采用 16%规则 |
| 3.2<br>1.6 | U Ra 3.2<br>L Rz 1.6 | Ra 的上、下限值采用 16%规则 |

注：(1) 新标准中表面结构参数标注的写法已经改变，现为 Ra、Rz 等，下角标注法不再使用。

(2) 旧标准 Ry 符号不再使用。

# 链接知识 A601 零件图的概述

什么是零件？零件是组成机器的不可再拆分的基本单元。零件与理论上的组合体的最大区别在于两点：其一，零件必须在机器或部件中承担特定的功能；其二，零件是按一定的工艺条件和要求加工生产的。

零件可根据作用及结构形状大致分为四大类，如图 A601-1 所示。

(a) 轴套类零件

(b) 盘类零件

(c) 叉架类零件

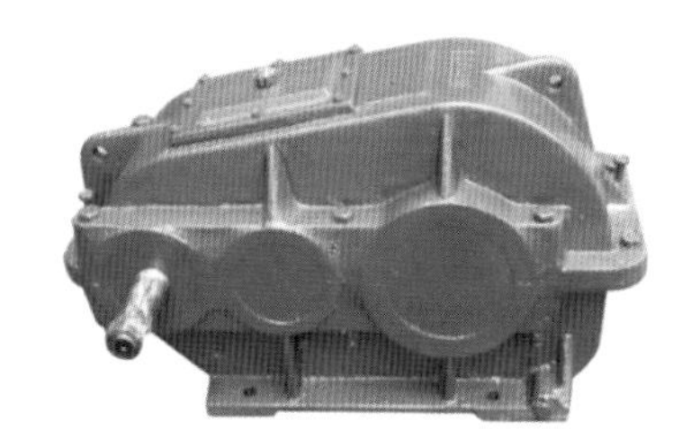

(d) 箱体类零件

**图 A601-1　四大类零件**

不同类型的零件的表达方式有各自的特点。

零件图是表达单个零件的视图，是生产中指导制造和检验零件的主要图样。它不仅仅要把零件的内、外结构形状和大小表达清楚，还需要将零件的材料，以及加工、检验、测量技术要求等示出。

零件图不仅要表达机器或部件对零件的结构要求，还需要表达制造和检验该零件所需的必要信息，因此一张完整的零件图应具备如下内容。

**1. 一组视图**

如图 A601-2 所示，该零件的基本结构为同轴回转体，通常只用一个基本视图加上所需的尺寸，就能表达其主要形状。对于轴上的键槽结构，可采用断面图来表达。

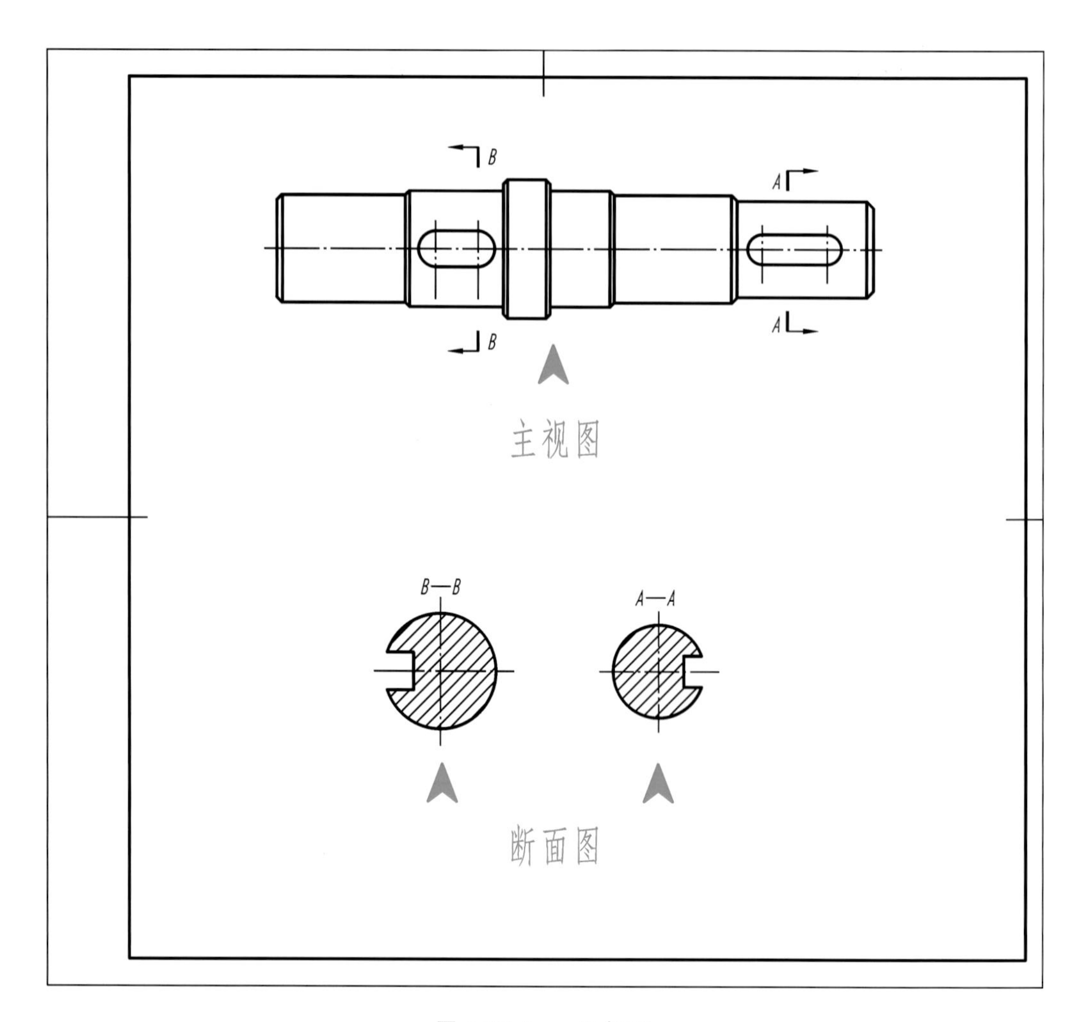


图 A601-2　一组视图

**2. 完整的尺寸**

用于确定零件各部分的大小和位置，为零件制造提供所需的尺寸信息。在标注过程中要做到正确、完整、清晰、合理，如图 A601-3 所示。

**3. 技术要求**

零件在制造、加工、检验时需要达到的技术指标，必须用规定的代号、数字、字母和文字注解加以说明。如表面粗糙度、尺寸公差、形位公差、材料和热处理方式、检验方法，以及其他特殊要求等，如图 A601-4 所示。

**4. 标题栏**

标题栏的内容、尺寸和格式都已经标准化了，在此处需要标注零件名称、数量、材料、比例、图样代号，以及设计者、审核者、批准者的必要签署等。

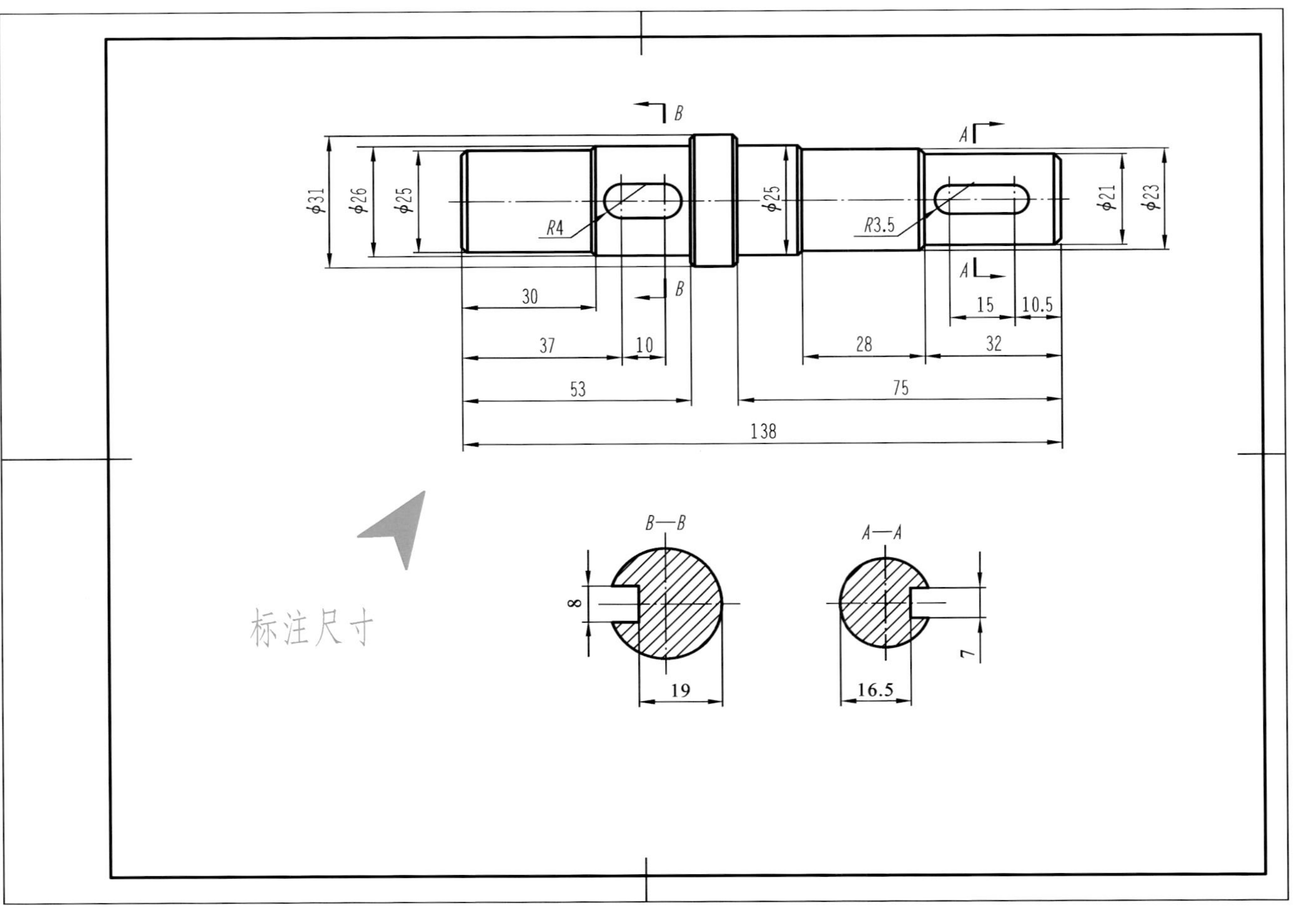


图A601-3 完整的尺寸

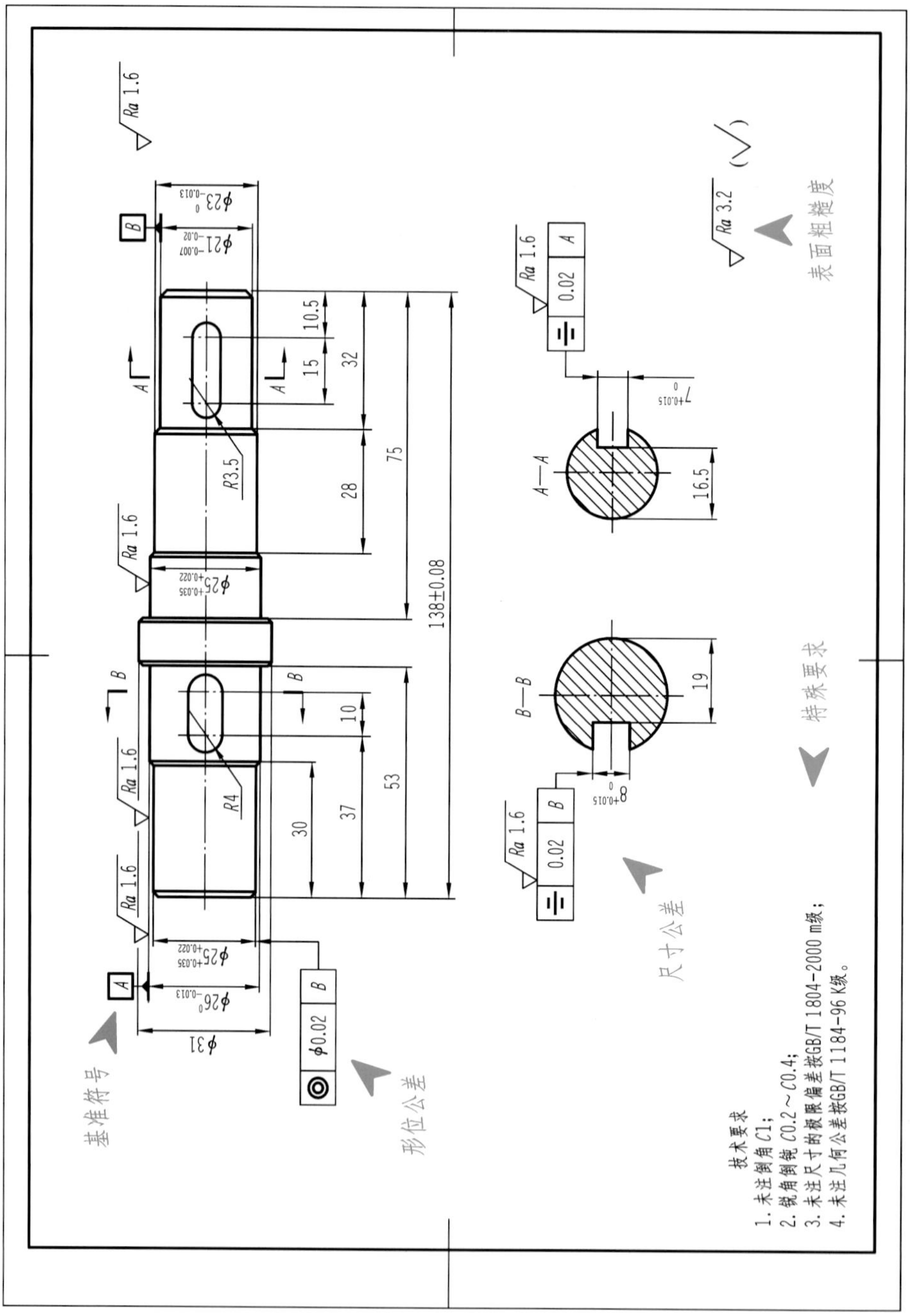

基准符号

形位公差

尺寸公差

特殊要求

表面粗糙度

技术要求

1. 未注倒角 C1；
2. 锐角倒钝 C0.2～C0.4；
3. 未注尺寸的极限偏差按GB/T 1804-2000 m级；
4. 未注几何公差按GB/T 1184-96 K级。

**图 A601-4　技术要求**

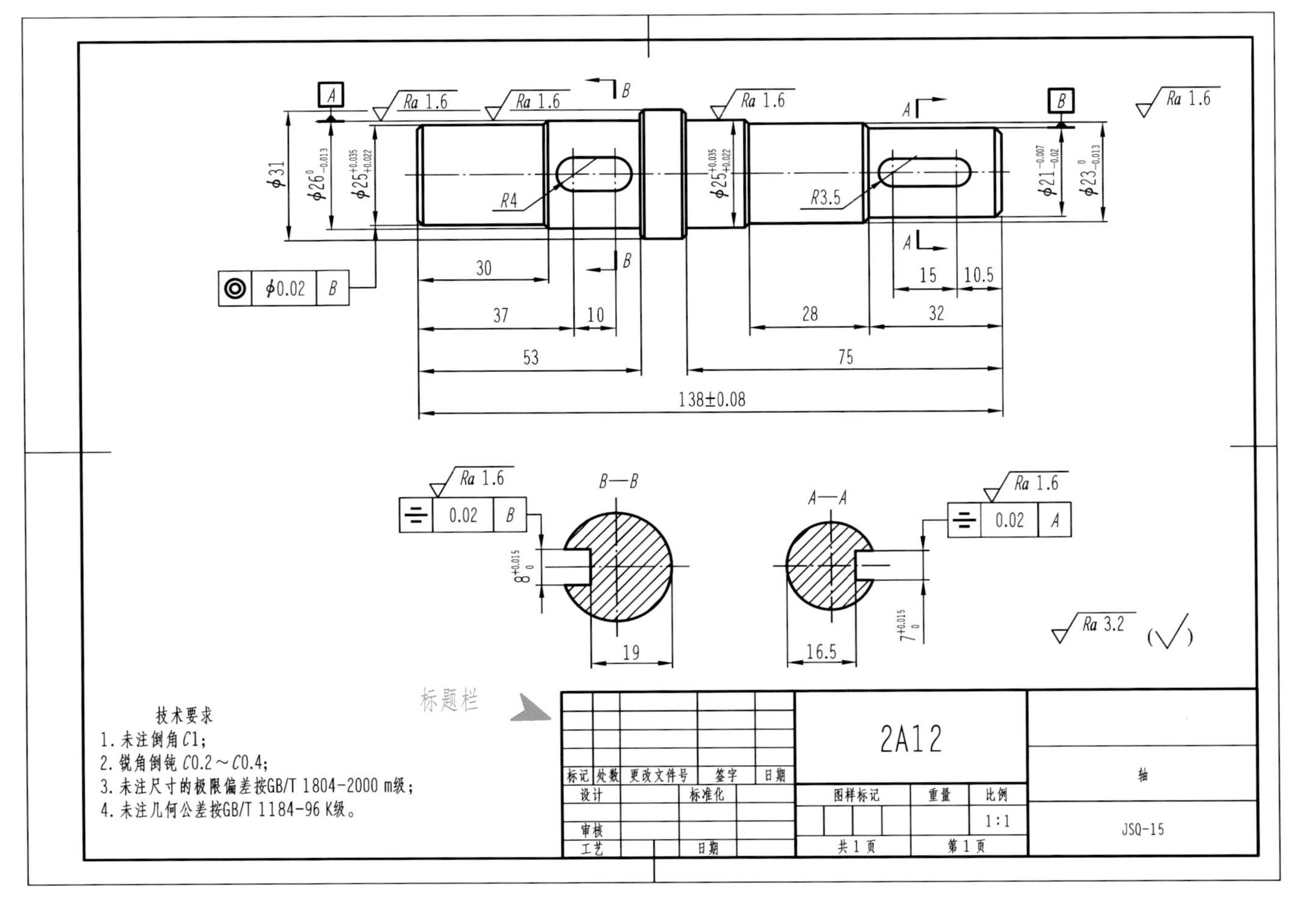


**图A601-5　完整的零件图**

图 A601-5 所示的就是一张完整的零件图。用三个视图表达零件的形状，主视图为前视图，两个断面图用于表达键槽尺寸。技术要求表现在公差配合、形位公差及粗糙度上，轴各部位的粗糙度都由标准的粗糙度符号及代号标注说明，未标注的参照其余的要求。材料、绘图比例及有关的签署等都填写在标题栏中，以便查询。

# 链接知识 A602 零件的视图选择

零件图的视图表达方法与组合体的视图表达方法原则上是相同的。但是,零件图的表达更着重于满足生产的实际需要,应根据零件的功用及结构形状采用更合适的视图及表达方法。如图 A602-1、图 A602-2 所示的轴套零件图,图 A602-1 仅用一个剖视图足以将该零件的形状、大小表达清楚,而图 A602-1 则需要用主视图和左视图两个视图来表达,比较烦琐。

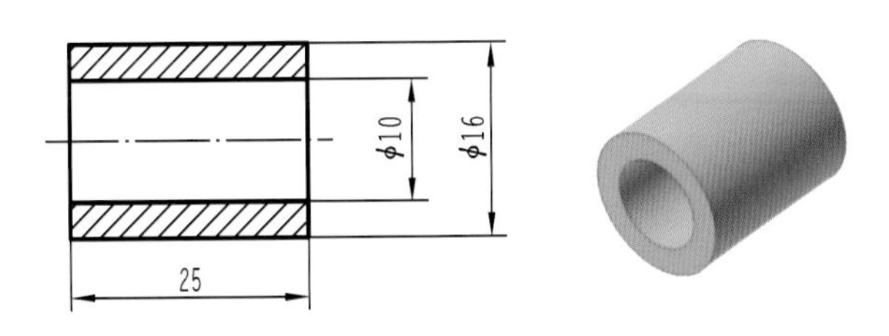


图 A602-1　标注方式 1

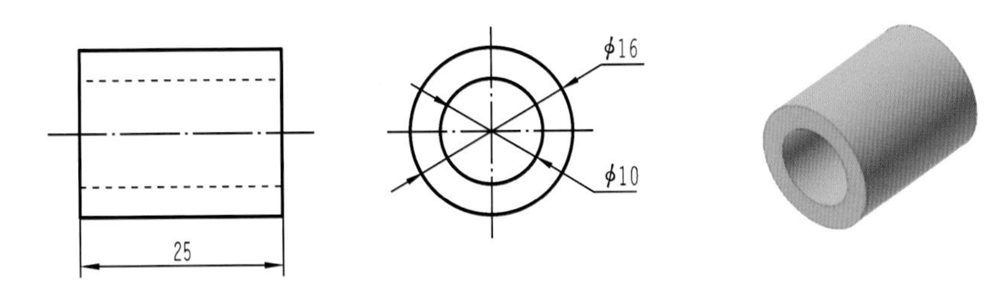


图 A602-2　标注方式 2

## 1. 视图选择的要求及方法

视图中对零件各部位的结构、形状及其相对位置的表达要准确、完全且唯一(不可有不确定的元素);视图之间的投影关系及表达方法要正确;所画图形要清晰易懂;零件图的视图选择可参照如下步骤和方法。

1) 分析零件

分析零件应以零件的功用特性为基点,分析零件的几何形状、结构特征,找出需要重点表达的主要部位,分清各部位之间的连接关系。零件的形状与加工方法密切相关,在分析零件的同时还必须了解其加工方法,以便视图的表达方法与加工方法同步。

2）主视图的选择

零件的安放位置和主视图的投射方向是选择视图首先要考虑的。安放位置应从零件的加工位置、装配位置、工作位置中进行选择。轴套类和盘盖类零件以加工位置为主要参照因素；投射方向要使得主视图尽可能清楚地表达主要形体的形状特征。

3）其他视图的选择

主视图仅表达了一个方向的投影视图，还需要选择其他视图予以补充。根据实际情况采用适当的剖视图、断面图、局部视图和斜视图等多种辅助视图，以补充表达零件主要形体的其他视图。然后补全次要形体的视图，以合理的表达方式清晰地绘制出零件的内、外结构，同时兼顾尺寸标注的需要。

4）方案比较

零件的组图方案可以进行多重选择，然后进行对比，择出最佳方案。择优的原则如下。

（1）在零件的结构形状表达清楚的基础上，视图的数量越少越好。

（2）避免不必要的细节重复。

5）视图选择应注意的问题

（1）应先选择基本视图。

（2）当零件的内形复杂时，可以考虑选取全剖；当内、外形均需要兼顾且不影响清楚表达时，全对称零件取半剖，否则可取局部剖。

（3）尽量不用虚线表示零件的轮廓线，但用少量虚线可节省视图数量而又能做到不在虚线上标注尺寸时，可适当使用虚线。

**2. 典型零件的视图表达**

1）支架类零件——轴承架

以如图 A602-3 所示的支架零件为例。

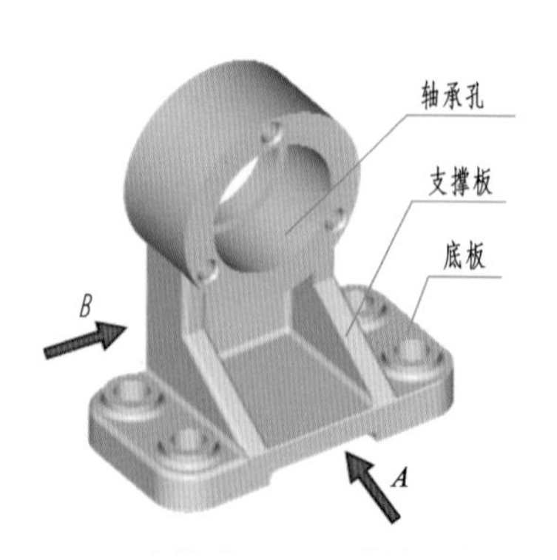


**图 A602-3　支架零件**

（1）分析零件。

功用：支架零件常用于支撑轴及轴上零件。

形体：由轴承孔、底板、支撑板等部分组成。

结构：分析三部分形体及其功用性，得出轴承孔为主要部件，其与支撑板两侧面相交。

（2）主视图的选择。

支架在视图中的安放状态应取自支架的工作状态，如图 A602-3 所示，对比 *A* 向和 *B* 向，*A* 向能够体现支架零件的主要部分（轴承孔）的形状特征，以及其他各组成部分的相对位置，轴承孔前端面上三个螺孔的分布等都在 *A* 向的投影中体现，所以主视图采用 *A* 向投射，结果如图 A602-4(a)所示。

（3）其他视图的选择。

在 *A* 向主视图的基础上，选择全剖的左视图，表达轴承孔的内部结构及两侧支撑板形状；选择 *F* 向视图表达底板的形状；选择 *C*—*C* 移出断面表达支撑板断面的形状。

以上视图选择作为视图方案一，如图 A602-4(a)所示。

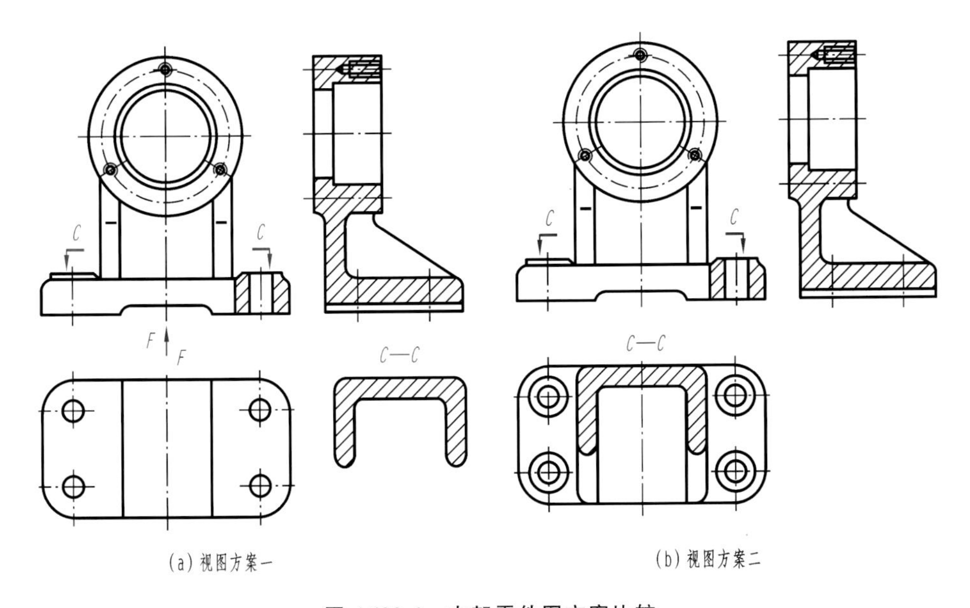


**图 A602-4　支架零件图方案比较**

另作视图方案二如图 A602-4(b)所示。用 *C*—*C* 全剖视将底板及支撑板断面的形状集中表达在一张俯视图中。

依据择优原则比较两个方案，选方案二更好。

2）箱体类零件——阀体

阀体零件属于箱体类零件，主要用于支撑、包容、保护体内的运动零件等。如图 A602-5 所示的阀体，其是流体开关装置球阀中的主体件，用于盛装阀芯及密封件。

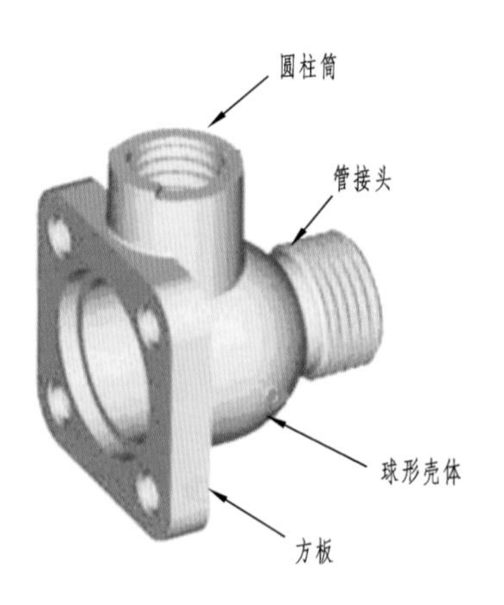


图 A602-5　阀体零件

阀体主要形状由球形壳体、圆柱筒、方板、管接头等构成。两部分圆柱结构与球形体的壳体相交，使得内腔相通，便于流量的控制。

阀体零件圆柱筒内将安装阀门开关等装置，投射方向参照箭头所指，考虑到阀体形状（内部复杂、方位对称）的特征等，主视图采用全剖的表达方式，如图 A602-6 所示。

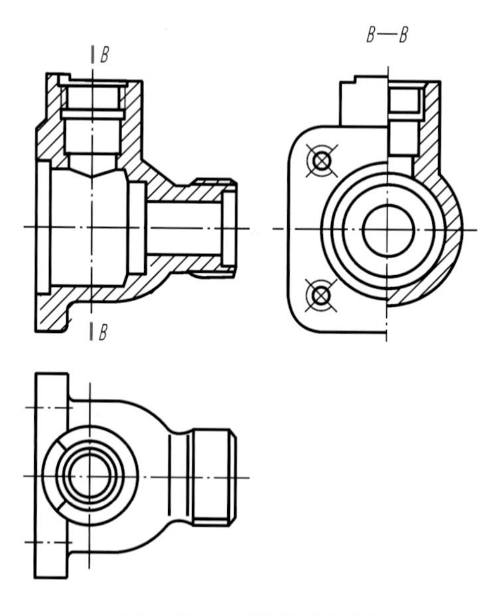


图 A602-6　阀体零件图

再用半剖的左视图表达阀体主体部分的外形特征、左侧方板形状及内孔的结构等；用俯视图表达阀体整体形状特征及顶部扇形结构的形状。

3）轴类零件的视图表达

轴类零件一般为同轴的细长回转体。由于安装在轴上的其他零件（齿轮、轴套、滚动轴承等）需要固定及定位，轴的结构形状通常是以轴肩为主要结构的阶梯形，并有若干键槽、退刀槽等结构。又由于轴类零件主要是在车床上加工（见图 A602-7），为了便于加工时看图，轴类零件图通常按水平位置放置。

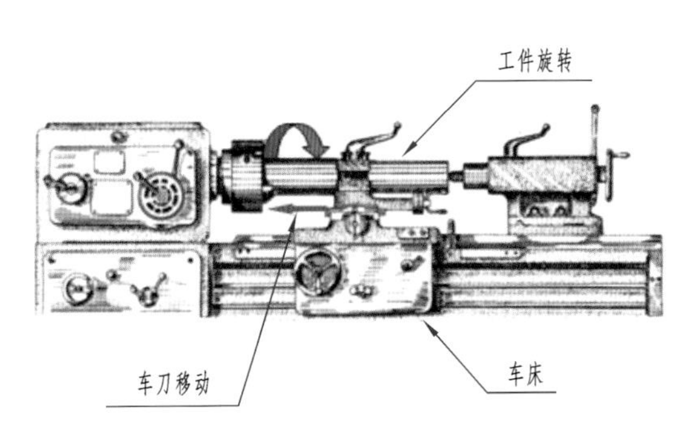


图 A602-7　车床工作原理

如图 A602-8 所示，零件主视图的投射方向与轴线垂直，即轴线为侧垂线位置。主视图是一个基本视图，表达了轴的主要阶梯结构形状。再添加若干个辅助的断面图，用以表达键槽的结构。

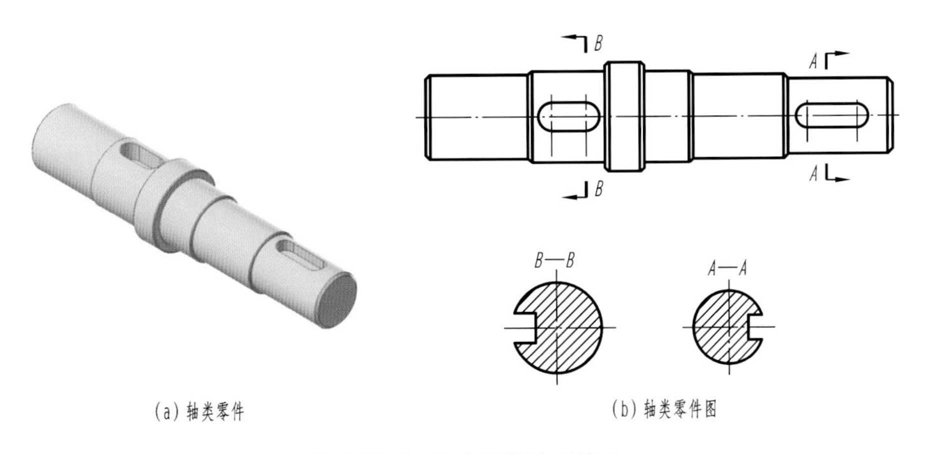


图 A602-8　轴类零件及零件图

4）盘盖类零件——端盖

盘盖类零件主要由不同直径的同心圆柱面组成，其厚度相对于直径小得多，由于它们成盘状，故被称为盘类零件，其周边通常分布一些孔、槽等。在进行视图选择时，一般选择过对称面或回转轴线的剖视图作主视图，轴线水平放置，同时还需增加适当的其他视图，把零件的外形和均匀分布的孔等结构表达清楚。图 A602-9 所示的为一端盖零件及其零件图。

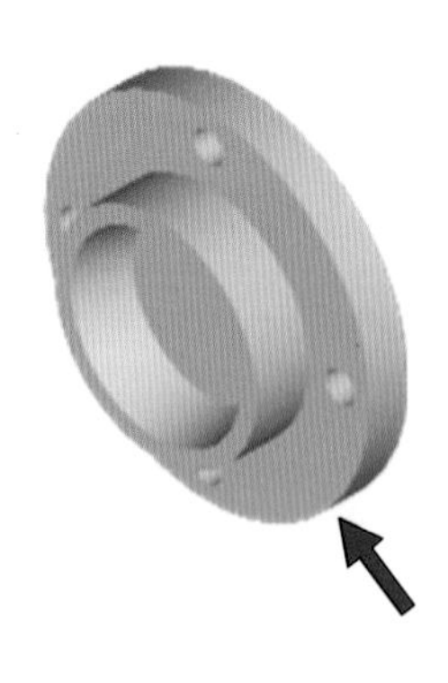

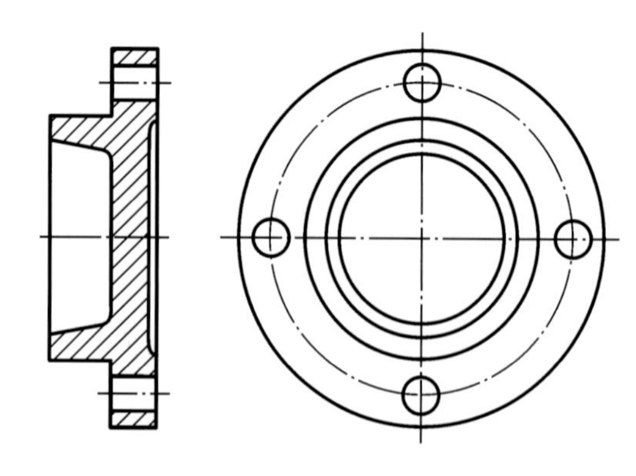

(b) 端盖零件图

图 A602-9　端盖零件及其零件图

# 链接知识 A603 零件图的尺寸标注

零件图的尺寸是零件加工和检验的依据。因此，图上的尺寸在保证正确、完整、清晰的前提下，还应尽可能做到合理性。

所谓标注尺寸的合理性，就是标注尺寸既要满足设计要求，又要符合加工测量等工艺要求，并有利于装配。讨论尺寸标注的合理性问题，需要具备相关的专业知识和生产实践经验，这里仅介绍一些合理标注尺寸的初步知识和基本原则。

## 1. 应尽量符合加工顺序

零件的尺寸标注还应尽量与零件加工的顺序协调同步。如图 A603-1 所示的为加工轴上退刀槽的顺序，其中，图 A603-1(a)所示的为以右端面为基准，定位 35 mm 处加工一段直径为 15 mm，宽度为 4 mm 的退刀槽。图 A603-1(b)所示的为完成退刀槽右面的外圆部分，车 $\phi$20 mm 外圆及倒角。因此，在退刀槽的尺寸标注上，应兼顾加工顺序，应标注退刀槽宽度尺寸 4 mm，而并非标注外圆长度尺寸 31 mm，如图 A603-2 所示。

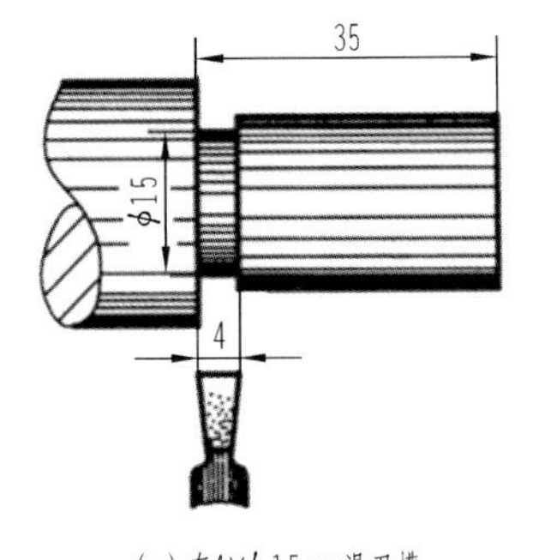


(a) 车4×$\phi$15 mm退刀槽

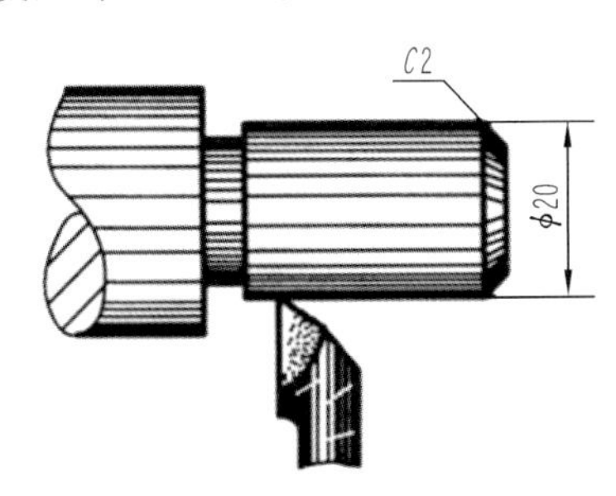


(b) 车$\phi$20 mm外圆及倒角

**图 A603-1　退刀槽的顺序**

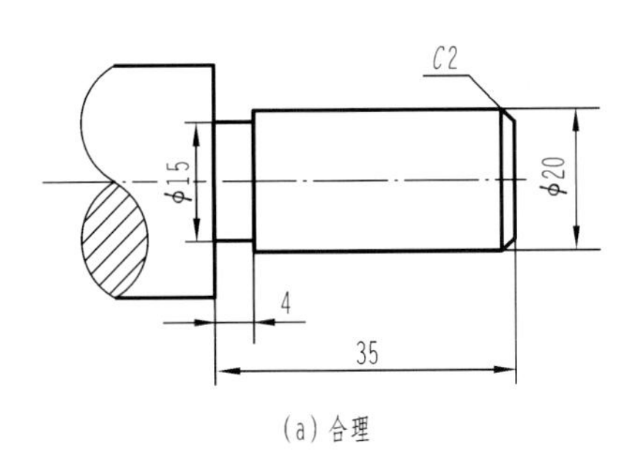


(a) 合理

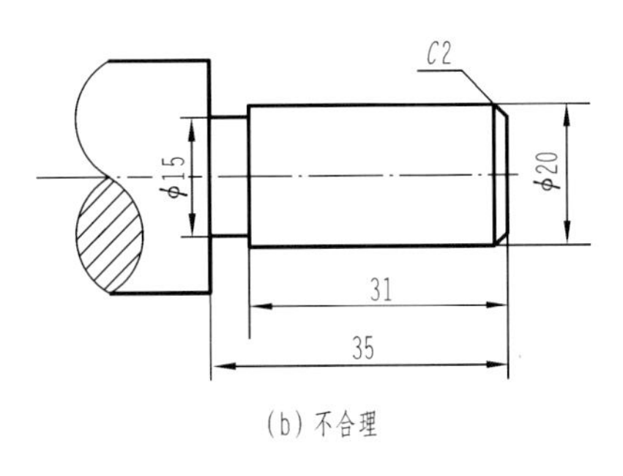


(b) 不合理

**图 A603-2　退刀槽的尺寸标注**

### 2. 标注尺寸要尽量适应加工方法和加工过程

标注尺寸要尽量适应加工方法和加工过程，以便于加工测量。如图 A603-3 所示，该零件的加工方法是将先左端三节台阶加工完成，再装夹左端第二台阶，加工右端三节台阶。

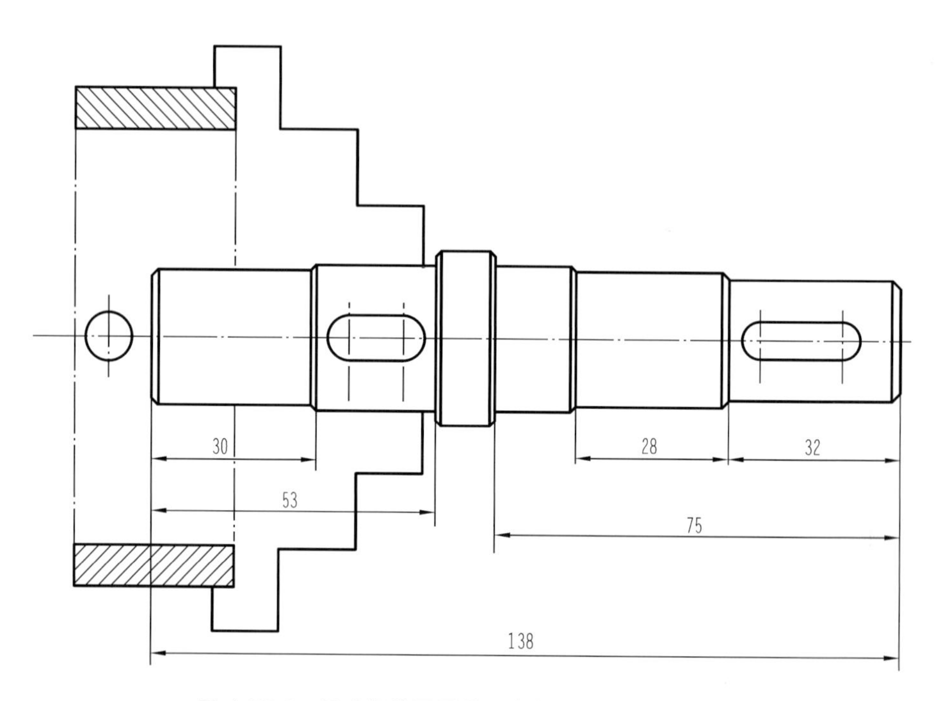


图 A603-3　尺寸标注要尽量适应加工方法和加工过程

### 3. 应考虑测量方便及避免注成封闭尺寸链

(1) 图 A603-4 所示的为结构尺寸的合理标注。

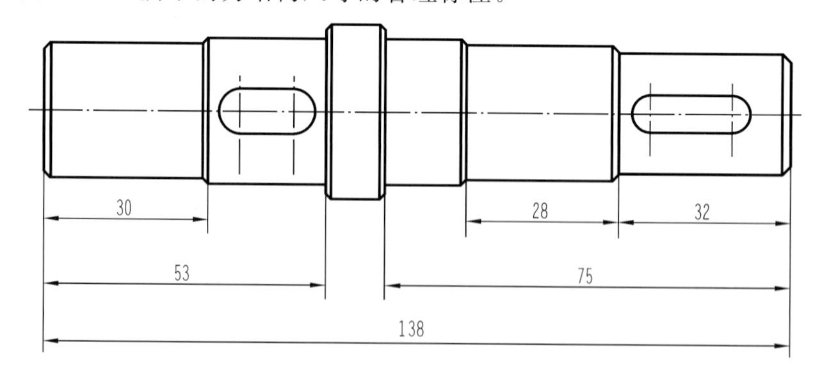


图 A603-4　结构尺寸的合理标注

(2) 如图 A603-5 所示，由于长度尺寸 85 mm 不方便测量，固其为不合理标注。

(3) 如图 A603-6 所示，长度尺寸 15 mm、23 mm、53 mm、75 mm 产生了封闭尺寸

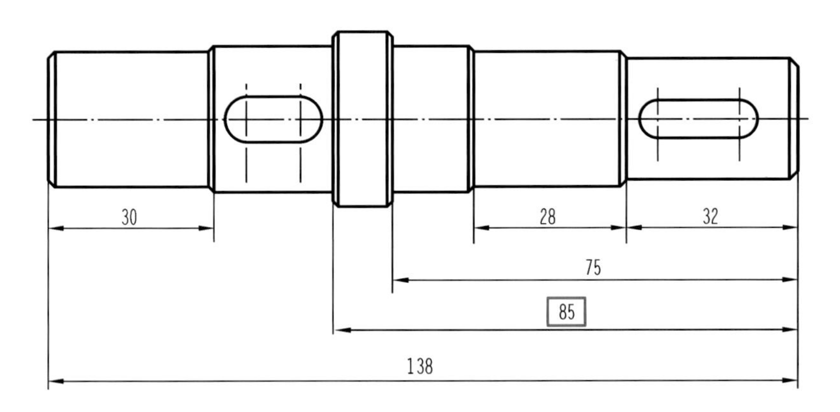


图 A603-5　不合理标注

链，这样标注尺寸会使加工时难以保证设计要求，四项加工的误差累积会对总长尺寸 138 mm 的精度造成偏差，所以尺寸标注时一定要避免封闭尺寸链的产生。在尺寸链中，每一个尺寸是尺寸链中的一环，选一个不重要的环节放弃标注尺寸，这个环节通常被称为开口环。开口环的尺寸误差是其他各环尺寸误差之和，这样就不会对重要尺寸产生影响。

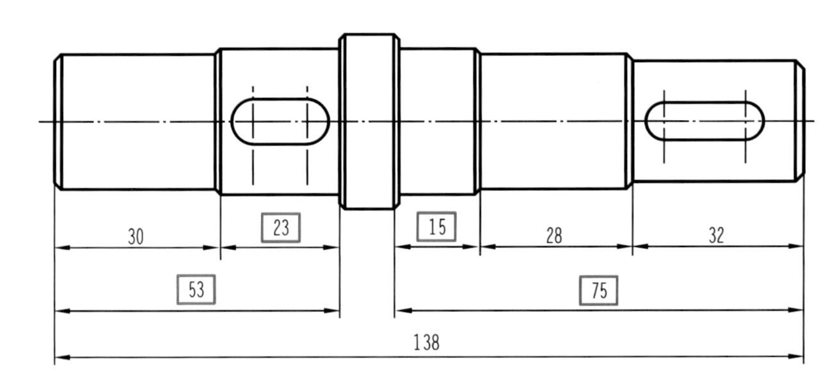


图 A603-6　封闭尺寸链

**4. 尺寸布置力求清晰醒目**

对于几个平行尺寸，应使小尺寸在内，大尺寸在外。内形尺寸和外形尺寸应尽可能分开标注。如图 A603-7 所示，回转体的尺寸尽量布置在非圆视图上。

**5. 零件上常见结构的尺寸标注**

1）倒角

倒角结构起到便于零件间安装及安全防护作用。对于常见的 45°倒角可按图 A603-8 进行尺寸标注；也可以用符号“*C*”表示“45°倒角”，如“*C*1”代表“1×45°”；也可以

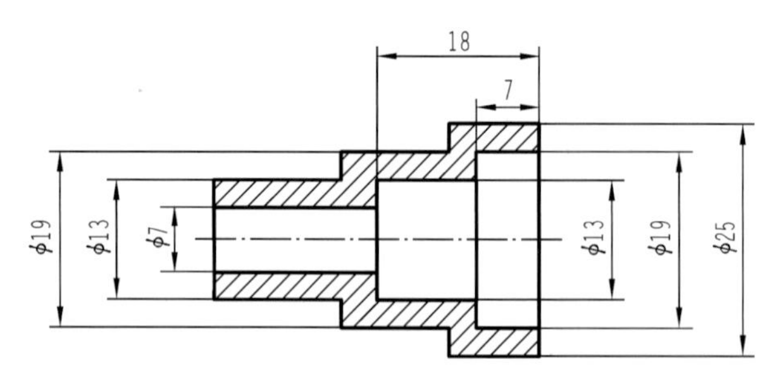


图 A603-7 尺寸布置力求清晰醒目

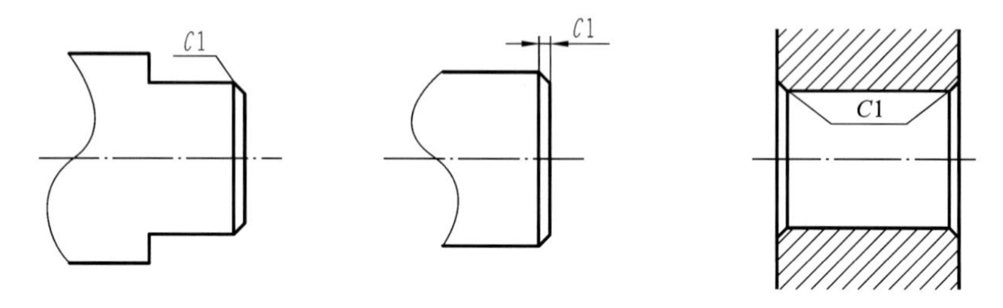


图 A603-8 45°倒角的尺寸标注

在技术要求中注明，如“全部倒角 $C2$”“其余倒角 $C2$”。非 45°倒角可以按照图 A603-9 进行标注。

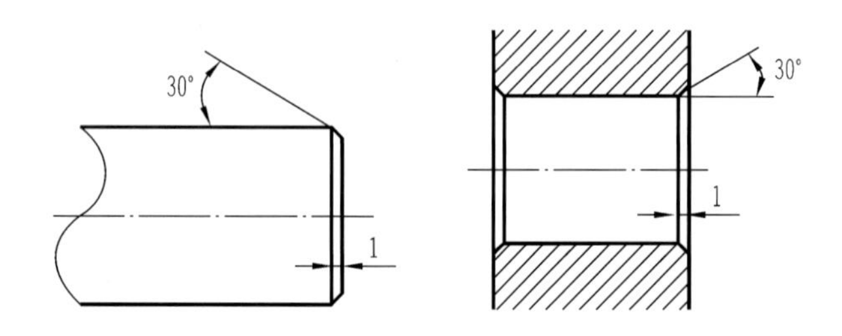


图 A603-9 非 45°倒角的尺寸标注

2）退刀槽及越程槽

退刀槽通常可以按“$a\times\phi$”或“$a\times b$”的形式标注，如图 A603-10 所示；越程槽通常按“$a\times b$”的形式标注，如图 A603-11 所示，具体尺寸需要查阅相应的手册。

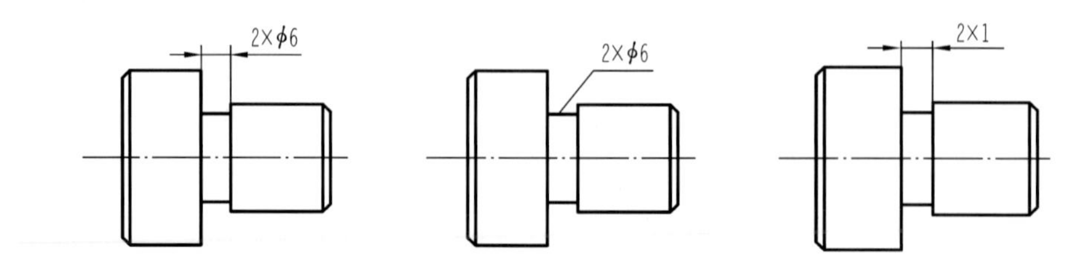


图 A603-10 退刀槽的尺寸标注

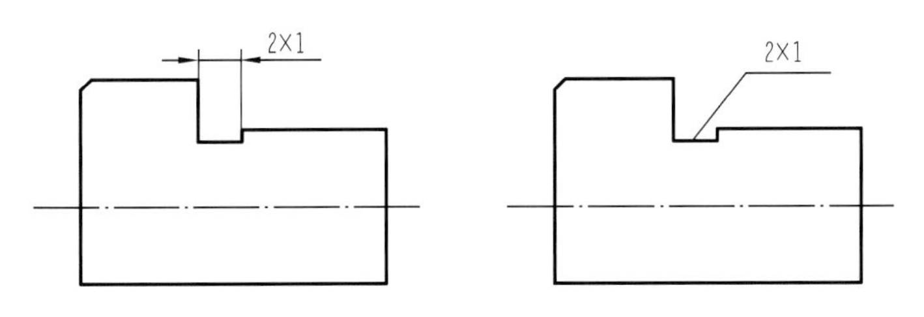


图 A603-11　越程槽的尺寸标注

3）键槽

尺寸的标注不仅需要考虑加工，还需要考虑产品的检测，检测时需要对产品进行尺寸测量，而尺寸测量的方便与否，便是尺寸标注中需要考虑的环节。如果所标尺寸是没有办法测量的尺寸，也就没有办法鉴定其准确性，键槽的尺寸标注如图 A603-12 所示。

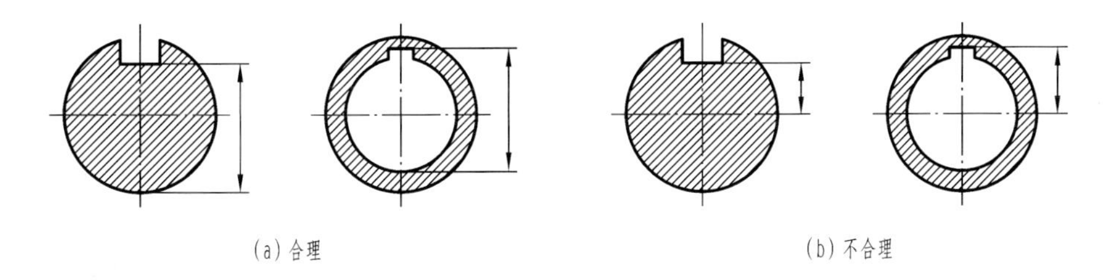


图 A603-12　键槽的尺寸标注

4）正方形结构

表示正方形时，可在正方形边长尺寸数字前加注符号"□"，或用"10×10"代替"□10"，如图 A603-13 所示。

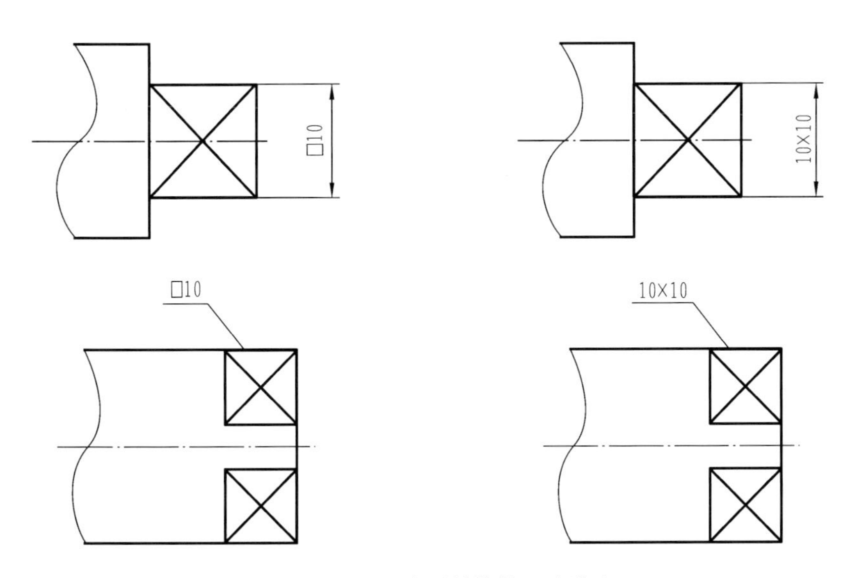


图 A603-13　正方形结构的尺寸注法

## 链接知识 H1 普通车工实训车间准则

(1) 所有进入实训车间的学生必须严格遵守实训车间的各项规章制度,听从老师安排。

(2) 学生必须严格按照制定的时间参加集训,不得无故迟到早退。

(3) 树立"安全第一"的思想。进入车间前必须规范着装,留长发者必须戴好工作帽。上机操作时必须佩戴护目镜。

(4) 使用设备时,必须严格按照安全操作规程进行作业,爱护设备设施。

(5) 实习设备、工具柜、工作台等应定位摆放,未经许可不得随意移动。工量具每个工位一套,使用后应放回原位,不得随意借取。加工完成的工件上交老师。

(6) 发现任何问题及时报告给老师,不允许私自解决。

(7) 禁止在实训车间吃饭、吸烟,不得嬉戏打闹、私自离岗或串岗。

(8) 老师未安排或未经老师允许,不得私自操作设备。

(9) 每天实训结束后,对实习设备、地面进行清洁。整理工具并放回原位。正常关闭机床。每周对车间进行一次大扫除,对设备进行一次彻底清理。

(10) 实习学生违反规定可按照学校有关规定进行处罚。对屡教不改的学生,实训老师有权取消其实训资格。

# 链接知识 H201 普通车床的结构

**1. 机床型号**

机床的型号可反映机床的类别、结构特性和主要技术参数等内容。按国标规定，CA6140 型号的含义如图 H201-1 所示。

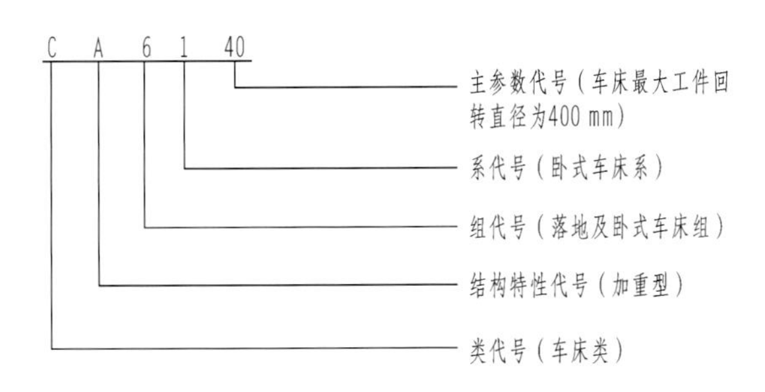


**图 H201-1　型号含义**

1）类代号

机床的类代号用大写的汉语拼音字母表示。CA6140 中的“C”代表车床类。必要时，每类可分为若干分类，分类代号在类代号之前，作为型号的首位，并用阿拉伯数字表示。第一分类代号前的“1”省略，第“2”、“3”分类代号则应予以表示。如磨床类可以分为“M”、“2M”和“3M”类。

机床的分类及其代号见表 H201-1。

表 H201-1　机床的分类及其代号

| 类别 | 车床 | 钻床 | 镗床 | 磨床 | | | 齿轮加工机床 | 螺纹加工机床 | 铣床 | 刨插床 | 拉床 | 锯床 | 其他机床 |
|---|---|---|---|---|---|---|---|---|---|---|---|---|---|
| 代号 | C | Z | T | M | 2M | 3M | Y | S | X | B | L | G | Q |
| 参考读音 | 车 | 钻 | 镗 | 磨 | 磨 | 磨 | 牙 | 丝 | 铣 | 刨 | 拉 | 割 | 其 |

对于具有两类特性的机床，其主要特性应放在后面，次要特性应放在前面。例如铣镗床是以镗为主、以铣为辅。

2）通用特性代号和结构特性代号

通用特性代号、结构特性代号用大写的汉语拼音字母表示，位于类代号之后。

（1）通用特性代号。

通用特性代号有统一规定的含义，它在各类机床的型号中表示的意义相同。

当某类机床与普通类型的机床相比之外还具有如表 H201-2 所列的通用特性时，则需在型号的类代号之后加通用特性代号予以区分。如某类型机床仅有某种通用特性，而无普通特性，则通用特性不予表示。

表 H201-2　通用特性代号

| 通用特性 | 高精度 | 精密 | 自动 | 半自动 | 数控 | 加工中心（自动换刀） | 仿形 | 轻型 | 加重型 | 柔性加工单元 | 数显 | 高速 |
|---|---|---|---|---|---|---|---|---|---|---|---|---|
| 代号 | G | M | Z | B | K | H | F | Q | C | R | X | S |
| 读音 | 高 | 密 | 自 | 半 | 控 | 换 | 仿 | 轻 | 重 | 柔 | 显 | 速 |

当在一个型号中需要同时使用 2～3 个通用特性代号时，一般按重要程度排列顺序。

（2）结构特性代号。

对主参数数值相同而结构、性能不同的机床，在型号中加结构特性代号予以区分。根据各类机床的具体情况，对某些结构特性代号可以赋予一定含义。但结构特性代号与通用特性代号不同，它在型号中没有统一的含义，只在同类机床中起区分机床结构、性能的作用。当型号中有通用特性代号时，结构特性代号应排在通用特性代号之后。结构特性代号用汉语拼音字母（通用特性代号已用的字母和“I”、“O”两个字母不能用）A、B、C、D、E、L、N、P、T、Y 表示，当单个字母不够用时，可将两个字母组合起来使用，如 AD、AE 等，或 DA、EA 等。如 CA6140 中的“A”就表示“加重型”，以示与 C6140 的区别。

3）组、系代号

将每类机床划分为十个组，每个组又划分为十个系（系列）。组、系划分的原则如下。

（1）在同一类机床中，主要布局或使用范围基本相同的机床为同一组。

（2）在同一组机床中，主参数、主要结构及布局型式相同的机床为同一系。

机床的组用一位阿拉伯数字表示，位于类代号或通用特性代号、结构特性代号之后。

机床的系用一位阿拉伯数字表示，位于组代号之后。

4）主参数

机床型号中主参数用折算值表示，位于系代号之后。当折算值大于 1 时，取整数，前面不加“0”；当折算值小于“1”时，取小数点后第一位数，并在前面加“0”。如 CA6140

中的“40”表示车床能够加工工件的最大回转直径为 400 mm。

5）通用机床的设计顺序号

当机床无法用一个主参数表示时，则在型号中用设计顺序号表示。设计顺序号从 1 开始编号，当设计顺序号小于 10 时，从 01 开始编号。

6）第二主参数

第二主参数（多轴机床的主轴数除外）一般不予表示，如有特殊情况，可在型号中表示。型号中的第二主参数一般折算成两位数为宜，最多不超过三位数。以长度、深度值等表示的，其折算系数（折算值）为 1/100；以直径、宽度值表示的，其折算系数为 1/10；以厚度、最大模数值等表示的，其折算系数为 1。当折算值大于 1 时，取整数；当折算值小于 1 时，取小数点后第一位数，并在前面加“0”。

7）重大改进次数

当对机床的结构、性能有更高的要求，并需按新产品重新设计、试制和鉴定时，才按改进的先后顺序选用 A、B、C 等汉语拼音字母（但“I”、“O”两个字母不得选用）加在型号基本部分的尾部，以区别原机床型号。

重大改进设计不同于完全的新设计，它是在原有机床的基础上进行改进设计的，因此，重大改进后的产品与原型号的产品，是一种取代关系。

凡属局部的小改进，或增减某些附件、测量装置及改变装夹工件的方法等，因对原机床的结构、性能没有作重大的改变，故不属重大改进，其型号不变。

**2. 车床结构及功用**

车床结构如图 H201-2 所示。

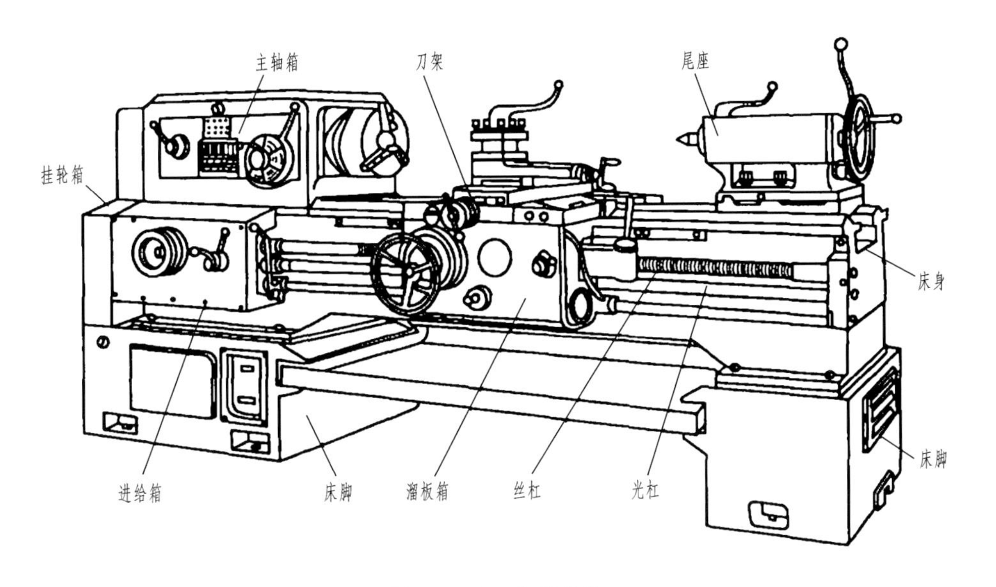


**图 H201-2　车床结构**

1）主轴箱

主轴箱(床头箱)固定在床身的左上部,箱内装有齿轮、主轴等,组成变速传动机构。主轴是空心的,中间可以穿过棒料。主轴的前端装有卡盘,用以夹持工件。主轴箱的功用是支承主轴,使它旋转、停止、变速、变向。车床的电动机经 V 带传动,通过主轴箱内的变速机构,把动力传给主轴,以实现车削的主运动。

2）进给箱

进给箱(走刀箱)固定在床身的左前下侧,是进给传动系统的变速机构。进给箱的功用是让丝杠或光杠旋转,改变机动进给的进给量和被加工螺纹的导程。

3）溜板箱

溜板箱(拖板箱)固定在床鞍的前侧,随床鞍一起在床身导轨上作纵向往复运动。它的功用是将丝杠或光杠的旋转运动通过箱内的开合螺母和齿轮齿条机构传递给床鞍,使床鞍纵向移动,使中滑板横向移动。在溜板箱表面装有各种操纵手柄和按钮,用来实现车螺纹、纵向进给或横向进给、快速进给或工作速度移动等。

4）挂轮箱

挂轮箱装在床身的左侧。其上装有变换齿轮(挂轮),它把主轴的旋转运动传递给进给箱,调整挂轮箱上的齿轮,并与进给箱内的变速机构相配合,可以车削出不同螺距的螺纹,并满足车削时对不同纵向、横向进给量的需求。

5）刀架

刀架装在床身的床鞍导轨上。刀架的功用是安装车刀,一般可同时装 4 把车刀。床鞍的功用是使刀架作纵向、横向和斜向运动。刀架位于 3 层滑板的顶端。最底层的滑板称为床鞍,它可沿床身作纵向运动,可以机动也可以手动,以带动刀架实现纵向进给。中间层为中滑板,它可沿着床鞍顶部的导轨作垂直于主轴方向的横向运动,也可以机动或手动,以带动刀架实现横向进给。最顶层为小滑板,它与中滑板以转盘连接,因此,小滑板可在中滑板上转动。调整好某个方向后,可以带动刀架实现斜向手动进给。

6）床身

床身是精度要求很高的带有导轨(山形导轨和平导轨)的一个大型基础部件,用以支承和连接车床的各个部件,并保证各部件在工作时有准确的相对位置。床身由纵向的床壁组成,床壁间有横向筋条用以增加床身刚性。

7）床脚

前后两个床脚分别与床身前后两端下部连为一体,用以支撑安装在床身上的各个部件。同时,借助地脚螺栓和垫块使整台车床固定在工作场地上,调整使床身保持水平状态。

8）尾座

尾座是由尾座体、底座、套筒等组成的。它安装在床身导轨上,可沿床身导轨纵向运动以调整位置。尾座可在其底板上作少量的横向运动，以便用后顶尖顶住工件车锥体。

9）丝杠

丝杠左端装在进给箱上，右端装在床身右前侧的挂脚上，中间穿过溜板箱。丝杠专门用来车螺纹。若将溜板箱中的开合螺母合上，丝杠就能带动床鞍移动车制螺纹。

10）光杠

光杠左端装在进给箱上，右端装在床身右前侧的挂脚上，中间穿过溜板箱。光杠专门用于实现车床的自动纵向、横向进给。

**3. 车床的传动原理**

车削过程中，车床通过工件的主运动和车刀进给运动的相互配合来完成对工件的加工，其运动传动过程如图 H201-3 所示。

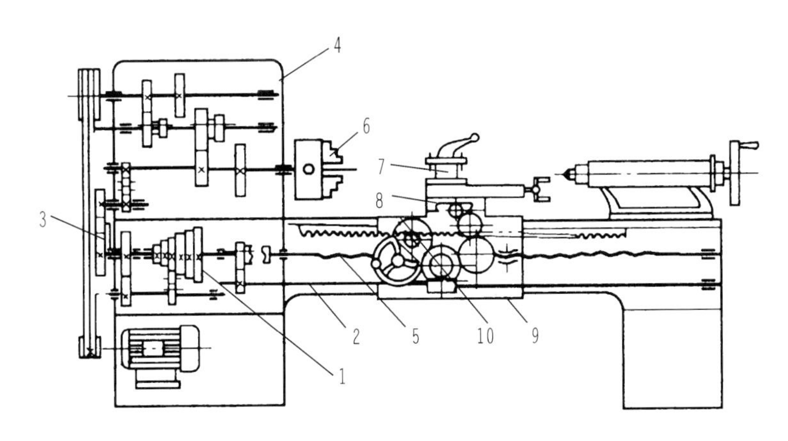


**图 H201-3** CA6140 车床传动系统示意图

1）主运动

主轴变速箱 4→主轴→卡盘 6→工件旋转。

2）进给运动

主轴变速箱 4→主轴变换齿轮箱 3→走刀箱 1→丝杠 5 或光杠 2→溜板箱 9→床鞍 10→滑板 8→刀架 7→车刀运动。

## 链接知识 H302 普通车刀的选择及使用方法

**1. 车刀材料**

1）切削对车刀材料的性能要求

（1）高硬度刀具材料的硬度必须高于工件材料的硬度，常温硬度一般在 60 HRC 以上。

（2）高强度（主要指抗弯强度）刀具材料应能承受切削力和内应力，不致崩刃或断裂。

（3）足够的韧性刀具材料应能承受冲击和振动，不致因脆性而断裂或崩刃。

（4）高耐磨性是指刀具材料抵抗磨损的能力，它是刀具材料硬度、强度等因素的综合反映，一般刀具材料的硬度越高，耐磨性越好。

（5）高耐热性是指刀具材料在高温下保持较高的硬度、强度、韧性和耐磨性的性能，它是衡量刀具材料切削性能的重要指标。

（6）刀具应具有良好的工艺性及经济性，为了制造方便，刀具材料应具备可加工性、可刃磨性、可焊接性及可热处理性等。

2）常用的车刀材料

目前常用的材料有碳素工具钢、合金工具钢、高速钢、硬质合金、人造聚晶金刚石及立方氮化硼等，高速钢和硬质合金是两类应用广泛的车刀材料。常用的车刀材料和性能如表 H302-1 所示。

表 H302-1　常用车刀材料

| 车刀材料 | 牌　号 | 性　能 | 用　途 |
| --- | --- | --- | --- |
| 高速钢 | W18Cr4V | 有较好的综合性能和可磨削性能 | 用于制造各种复杂刀具和精加工刀具，应用广泛 |
| | W6Mo5Cr4V | 有较好的综合性能，热塑性较好 | 用于制造热轧刀具，如扭槽麻花钻等 |
| 硬质合金 | YG3 | 抗弯强度和韧性较好，适用于加工铸铁、有色金属等脆性材料或应用于冲击力较大的场合 | 用于精加工 |
| | YG6 | | 介于粗、精加工之间 |
| | YG8 | | 用于粗加工 |

续表

| 车刀材料 | 牌　　号 | 性　　能 | 用　　途 |
|---|---|---|---|
| 硬质合金 | YT5 | 耐磨性和抗黏附性较好，能承受较高的切削温度，适用于加工钢或其他韧性较大的塑性金属 | 用于粗加工 |
| | YT15 | | 介于粗、精加工之间 |
| | YT30 | | 用于精加工 |

**2. 车刀的种类及用途**

1）车刀的种类

车刀按用途可分为外圆车刀、端面车刀、切断刀、成形车刀、螺纹车刀和车孔刀等，如图 H302-1 所示。车刀是由刀头和刀体组成的，其按结构又可分为整体车刀、焊接车刀、机夹车刀、可转位车刀和成形车刀等，如图 H302-2 所示。

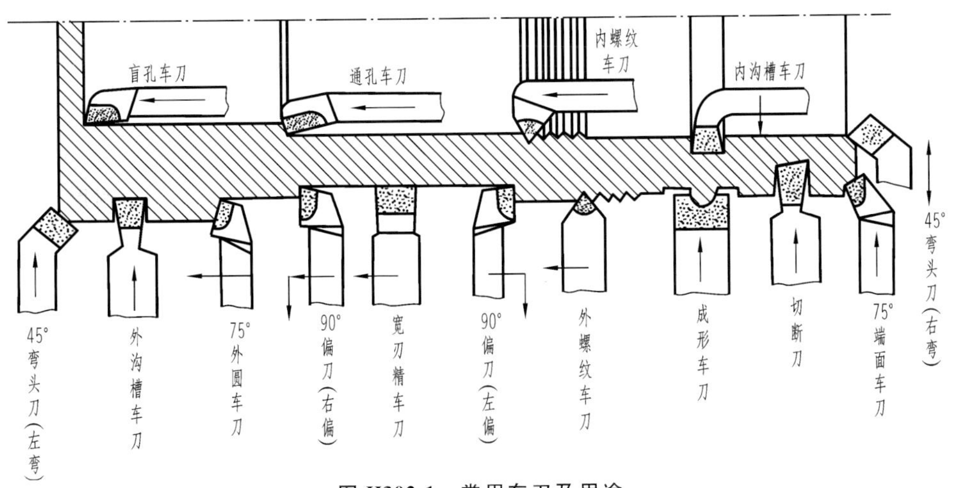


图 H302-1　常用车刀及用途

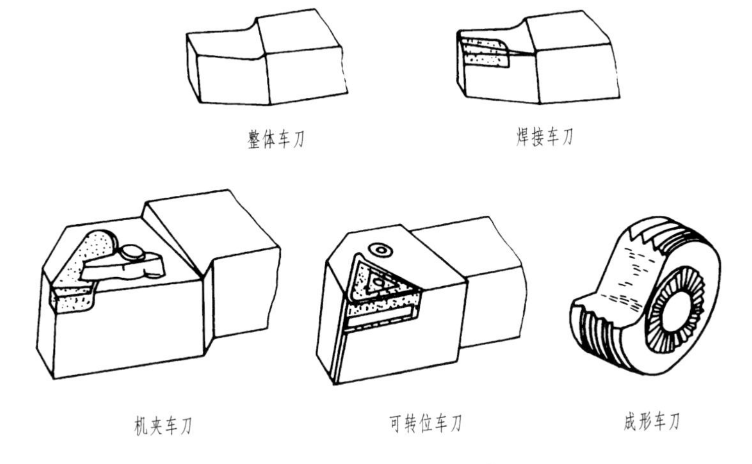


图 H302-2　车刀的种类

2）各种车刀的基本用途

（1）90°偏刀（外圆车刀）用来车削工件的外圆、台阶和端面，分为左偏刀和右偏刀两种。

（2）45°弯头刀用来车削工件的外圆、端面和倒角。

（3）切断刀用来切断工件或在工件表面切出沟槽。

（4）车孔刀用来车削工件的内孔，有通孔车刀和盲孔车刀。

（5）成形车刀用来车削台阶处的圆角、圆槽或车削特殊形面工件。

（6）螺纹车刀用来车削螺纹。

### 3. 车刀的组成及几何角度

1）车刀组成

车刀由刀头和刀杆（刀体）组成，刀头承担切削工作，刀杆是车刀的夹持部分，其主要作用是保证刀具切削部分有一个正确的工作位置。

刀头是一个几何体，由刀面、刀刃组成，包括前刀面、主后刀面、副后刀面、主切削刃、副切削刃、刀尖等，如图 H302-3 所示。所有车刀都由上述各部分组成，但结构可能不同，例如典型的外圆车刀由三面、两刃、一刀尖组成。而切断刀由四面、三刃、两刀尖组成。此外，切削刃可以是直线，也可以是曲线。如车特形面的成形刀的刀刃就是曲线型的。

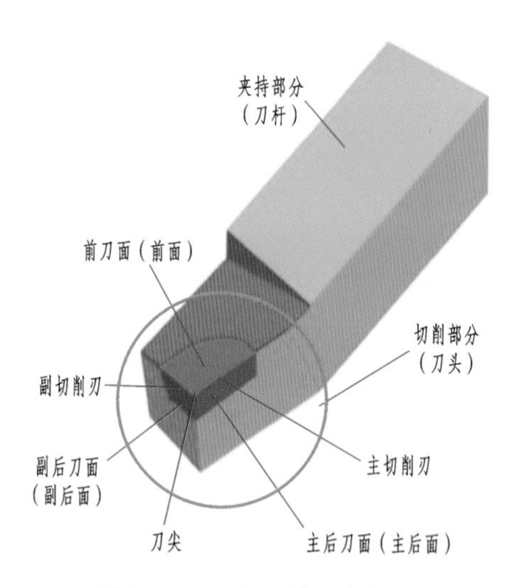


**图 H302-3　车刀的组成部分**

对于 90°外圆车刀来讲，车刀的切削部分主要由三面、两刃、一刀尖组成，如表 H302-2 所示。

表 H302-2　车刀的三面、两刃、一刀尖

| | | |
|---|---|---|
| 三面 | 前刀面 | 切削时切屑沿其流出 |
| | 后刀面(后面) | 切削时刀具上与工件被加工表面相对的表面 |
| | 副后刀面 | 切削时刀具上与工件已加工表面相对的表面 |
| 两刃 | 主刀刃 | 前面和后面相交的线,担任主要切削任务 |
| | 副刀刃 | 前面与副后面相交构成的切削刃,它配合主刀刃完成次要的切削工作,副刀刃也参加切削工作,对已加工表面起修光作用 |
| 一刀尖 | 刀尖 | 主刀刃与副刀刃的相交点,相交部分可以是一小段过渡圆弧,也可以磨成一小段直线过渡刃 |

2）辅助平面

为了确定上述刀面及切削刃的空间位置和刀具的几何角度,必须建立适当的参考系(坐标平面)。选定切削刃上某一点而假定的几个平面称为辅助平面,如图 H302-4 所示。

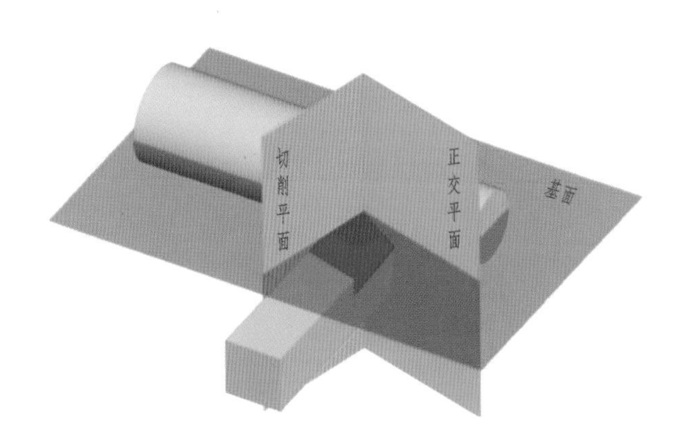


图 H302-4　辅助平面

切削平面——过主切削刃的某一选定点并垂直于刀杆底平面的平面。

基面——过主切削刃的某一选定点并平行于刀杆底面的平面。

正交平面——垂直于切削平面又垂直于基面的平面。

3）几何角度

车刀的切削部分有几个独立的基本角度,刀具的切削性能、锋利程度及强度主要是由刀具的几何角度来决定的。各角度标注如图 H302-5 所示。

(1) 前角($\gamma_0$)。

前刀面和基面间的夹角,如图 H302-6 所示。前角的大小反映了刀具前面倾斜

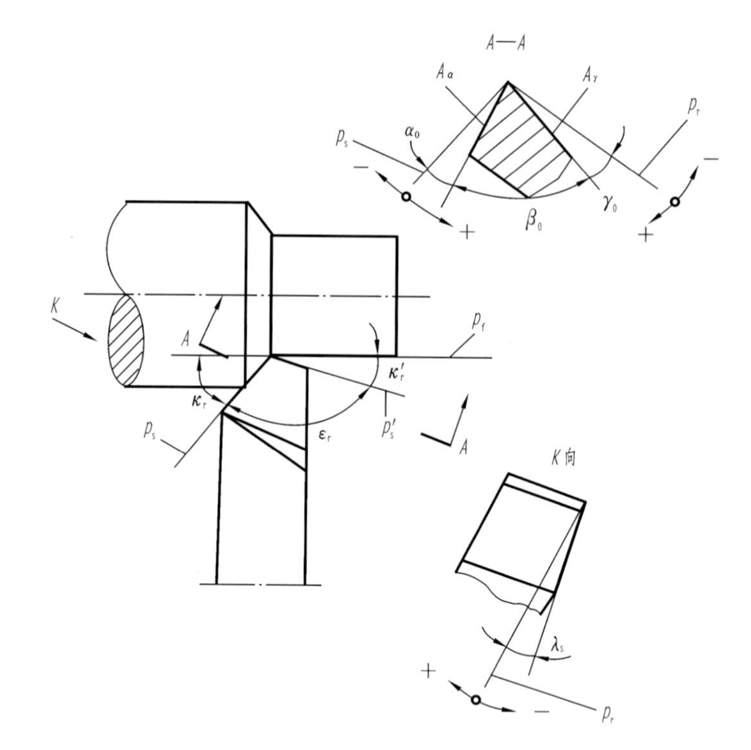


图 H302-5　刀具的主要角度

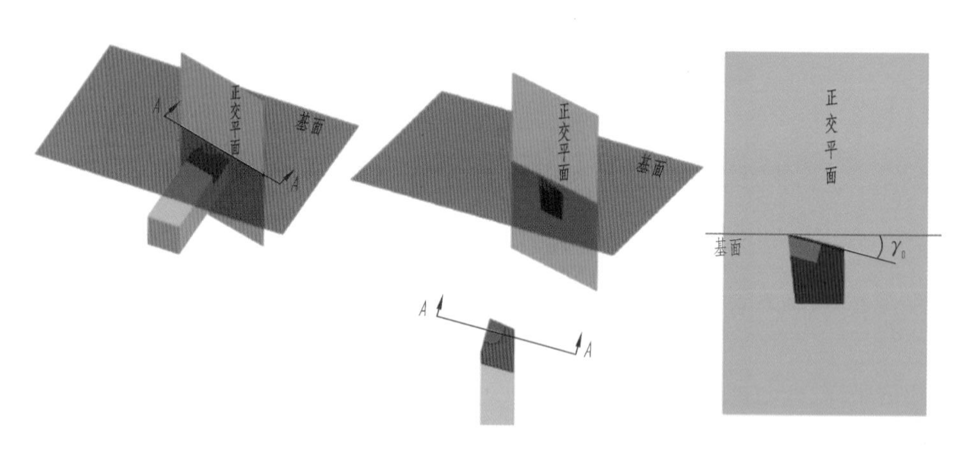


图 H302-6　前角

的程度，以及刀刃的强度和锋利程度，影响切削变形和切削力的大小。前角有正负之分，当前面在基面下方时为正值，反之为负值。前角大，刃口锋利，可减少切削变形和切削力，易切削，易排屑；但前角过大，强度低，散热差，易崩刃。前角的大小主要根据工件材料、刀具材料和加工要求进行选择。硬质合金车刀前角参考值如表 H302-3 所示。

表 H302-3　硬质合金车刀前角参考值

| 工件材料 | 粗　车 | 精　车 | 工件材料 | 粗　车 | 精　车 |
|---|---|---|---|---|---|
| 低碳钢 | 20°～25° | 25°～30° | 灰铸铁 | 10°～15° | 5°～10° |
| 中碳钢 | 10°～15° | 15°～20° | 铜及铜合金 | 10°～15° | 5°～10° |
| 合金钢 | 10°～15° | 15°～20° | 铝及铝合金 | 30°～35° | 35°～40° |
| 淬火钢 | −15°～5° | | 钛合金 | 5°～10° | |
| 不锈钢 | 15°～20° | 20°～25° | | | |

（2）后角（$\alpha_0$）。

主后面与主切削平面间的夹角，如图 H302-7 所示。后角的大小决定了刀具后面与工件之间的摩擦及散热程度。后角过大，会降低车刀强度，且使散热条件差，刀具寿命变短；后角过小，会使摩擦严重，温度升高，也会使刀具寿命变短。硬质合金车刀后角参考值如表 H302-4 所示。

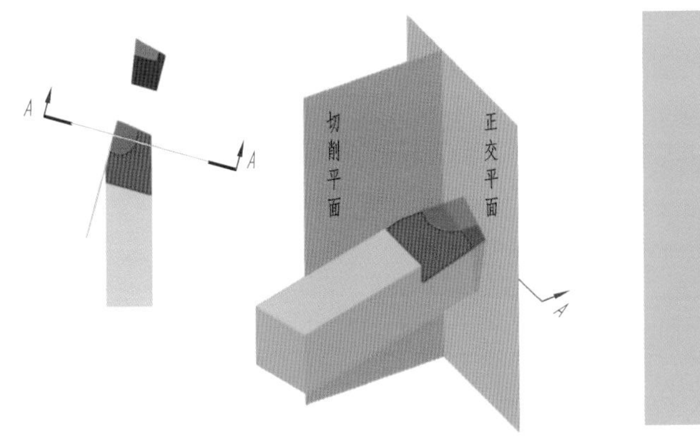


**图 H302-7　后角（$\alpha_0$）**

表 H302-4　硬质合金车刀后角参考值

| 工件材料 | 粗　车 | 精　车 | 工件材料 | 粗　车 | 精　车 |
|---|---|---|---|---|---|
| 低碳钢 | 8°～10° | 10°～12° | 灰铸铁 | 4°～6° | 6°～8° |
| 中碳钢 | 5°～7° | 6°～8° | 铜及铜合金 | 6°～8° | 6°～8° |
| 合金钢 | 5°～7° | 6°～8° | 铝及铝合金 | 8°～10° | 10°～12° |
| 淬火钢 | 8°～10° | | 钛合金 | 10°～15° | |
| 不锈钢 | 6°～8° | 8°～10° | | | |

（3）楔角（$\beta_0$）。

前面与主后面间的夹角，有

$$\beta_0 = 90° - (\gamma_0 + \alpha_0)$$

（4）主偏角（$\kappa_r$）。

主切削刃在基面上的投影与假定进给运动方向间的夹角，如图 H302-8 所示。主偏角的大小决定了背向力与进给力的分配比例和刀头的散热条件。主偏角大，背向力小，散热差；主偏角小，进给力小，散热好。

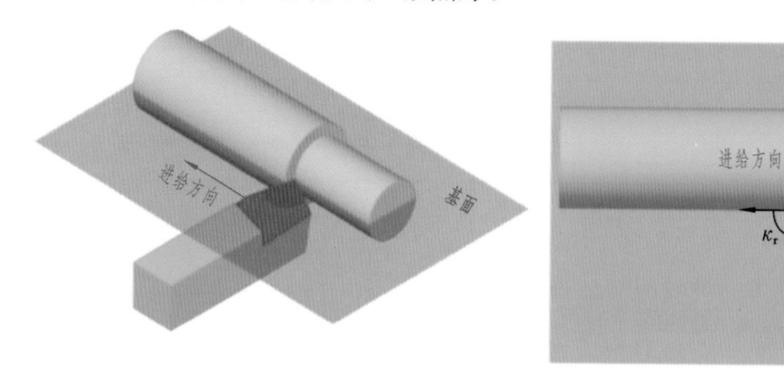


图 H302-8　主偏角



（5）副偏角（$\kappa'_r$）。

副切削刃在基面上的投影与假定进给运动反方向之间的夹角，如图 H302-9 所示。副偏角的大小决定了切削刃与已加工表面之间的摩擦程度。较小的副偏角对已加工表面有修光作用。车刀主偏角、副偏角参考值如表 H302-5 所示。

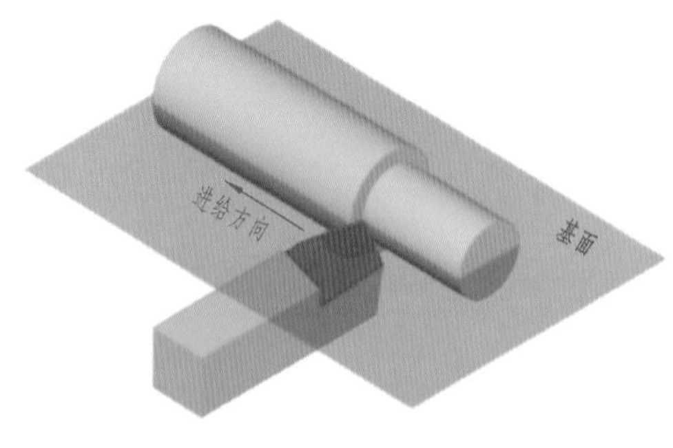


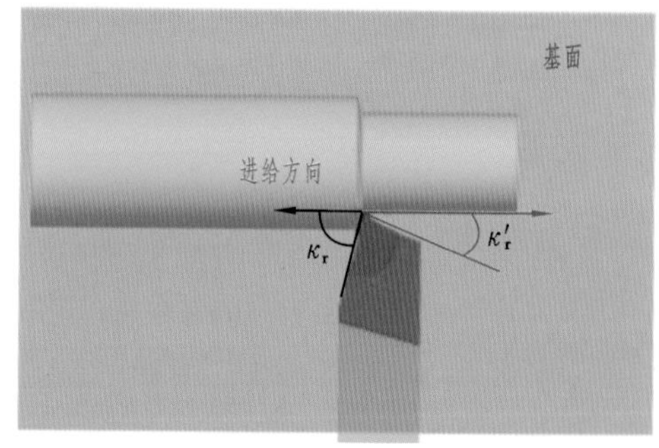


图 H302-9　副偏角

表 H302-5　车刀主偏角、副偏角参考值

| 加工条件 | 主偏角 | 副偏角 |
|---|---|---|
| 工艺系统刚性好，车淬硬钢、冷硬铸铁 | 10°～30° | 10°～5° |
| 工艺系统刚性较好，车外圆、端面，中间切入 | 45° | 45° |
| 工艺系统刚性较差，粗车、强力切削 | 70°～75° | 15°～10° |
| 工艺系统刚性差，车台阶轴、细长轴 | 80°～93° | 10°～6° |
| 切断、车槽 | ≥90° | 1°～2° |

(6) 刃倾角($\lambda_s$)。

主切削刃与基面间的夹角,如图 H302-10 所示。刃倾角主要影响排屑方向和刀尖强度。刃倾角有正值、负值和零度三种。

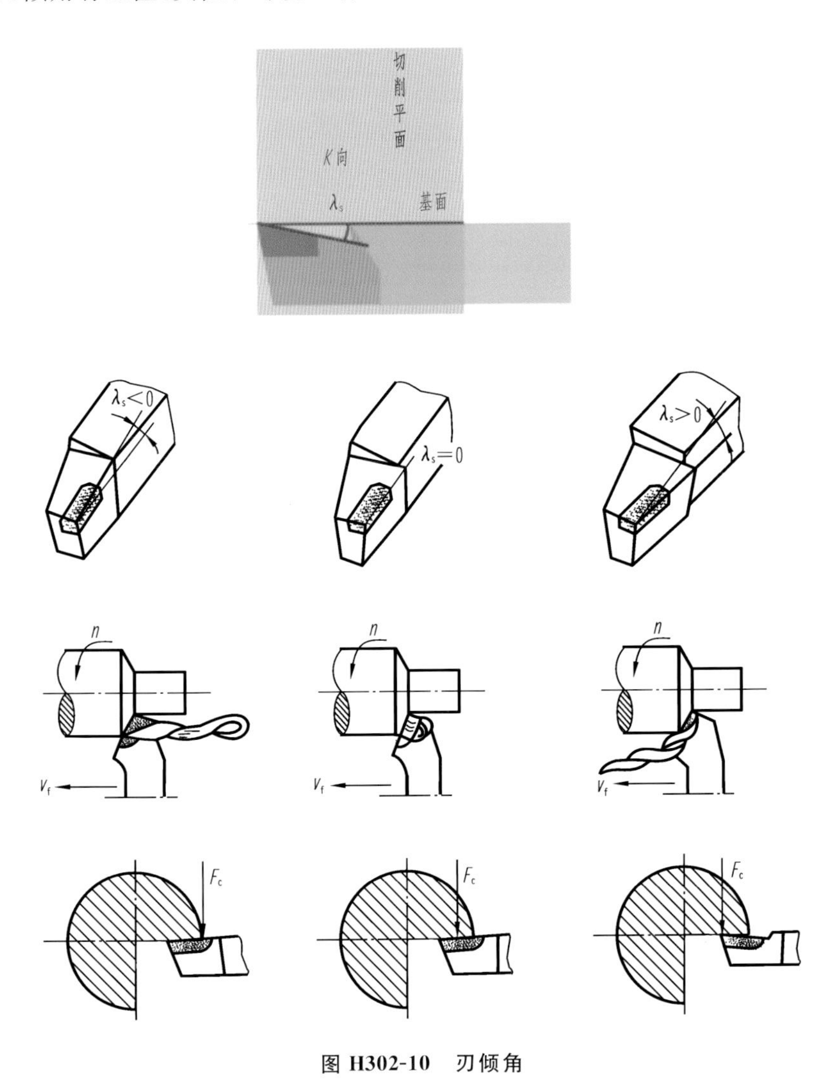


图 H302-10 刃倾角

当刀尖是主切削刃上的最高点时,刃倾角为正值,切削时,切屑流向待加工表面,保护已加工表面不被切屑划伤,但刀尖强度较差,不耐冲击。当刀尖是主切削刃的最低点时,刃倾角为负,切削时,切屑流向已加工表面,保护了刀尖,增加了刀具寿命,但容易擦伤已加工表面。当主切削刃和基面平行,也即刀刃上各点等高时,刃倾角等于零度,切削时切屑垂直于主切削刃方向流出,并很快卷曲,刀尖抗冲击能力较强。

(7) 刀尖角($\varepsilon_r$)。

主切削平面与副切削平面间的夹角。

## 链接知识 H202　普通车床的基本操作

**1. 端面的切削方法**

1）90°偏刀车端面

正偏刀即右偏刀，由外圆向中心进给，副切削刃起着主要的切削任务，切削不很顺利；由中心向外表面处进给，主切削刃起着主要的切削任务，切削较顺利。

右偏刀适于车削带有台阶和端面的工件，如一般的轴和直径较小的端面。通常情况下，偏刀由外向中心走刀车端面时，是由副切削刃进行切削的，如果背吃刀量较大，向里的切削力会使车刀扎入工件而形成凹面，如图 H202-1 左图所示。当然也可反向切削，从中心向外走刀，利用主切削刃进行切削，则不易产生凹面，如图 H202-1 中间图所示。切削余量较大时，可用如图 H202-1 右图所示的端面车刀车削。

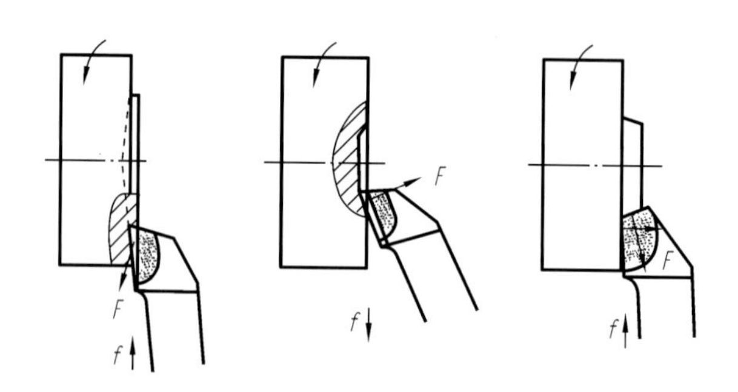


**图 H202-1**　90°**偏刀车端面**

在精车端面时，一般用偏刀由外向中心进刀（背吃刀量要很小），因为这时切屑是流向待加工表面的，故加工出来的表面较光滑。加工后的平面与工件轴线的垂直度好。

反偏刀即左偏刀，由外围向中心进给，主切削刃起着主要的切削任务，切削顺利，加工后的表面粗糙度较小。这种加工方法如图 H202-2 所示。

2）75°反偏刀车端面

由外圆向中心进给，主切削刃起着主要的切削任务，这时车刀强度和散热条件好，同时左车刀的刀尖角大于 90°，车刀耐用度高，适于车削较大平面。这种加工方法如图 H202-3 所示。

3）45°偏刀车端面

由外圆向中心进给，主切削刃起着主要的切削任务，切削顺利，加工后的表面粗糙

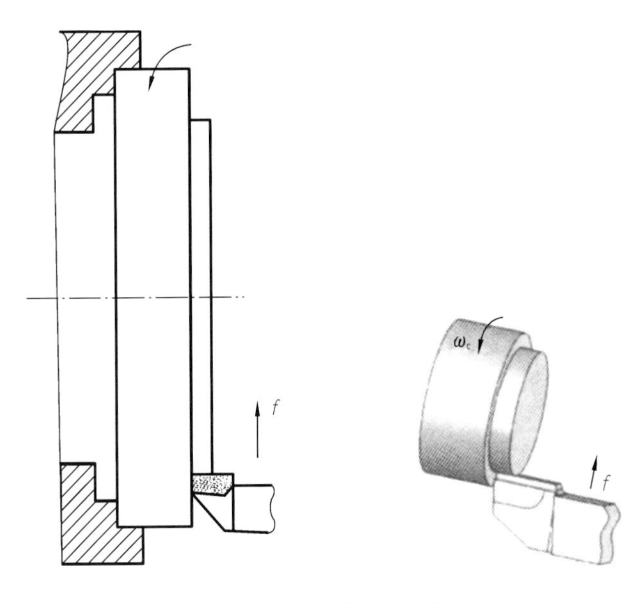

图 H202-2　90°反偏刀车端面

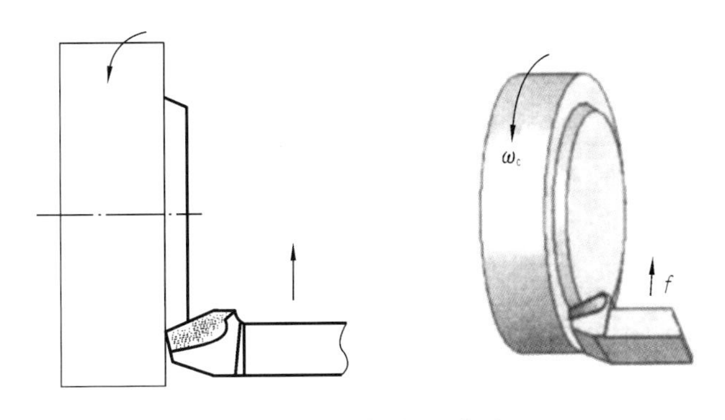

图 H202-3　75°反偏刀车端面



度较小，而且 45°车刀的刀尖角等于 90°，刀头强度高，适于车削较大平面，并能倒角和车外圆。这种加工方法如图 H202-4 所示。

4）端面的检验

端面加工最主要的要求是平直、光洁。检查其是否平直，可采用钢尺作工具，严格时，则用刀口直尺作透光检查，如图 H202-5 所示。

**2. 外圆车削方法**

1）外圆车刀的结构

车刀的几何角度、刃磨质量不同，以及采用的切削用量不同，车削的精度和表面粗糙度 $Ra$ 的值也就不同，外圆车削可分为粗车、半精车和精车。

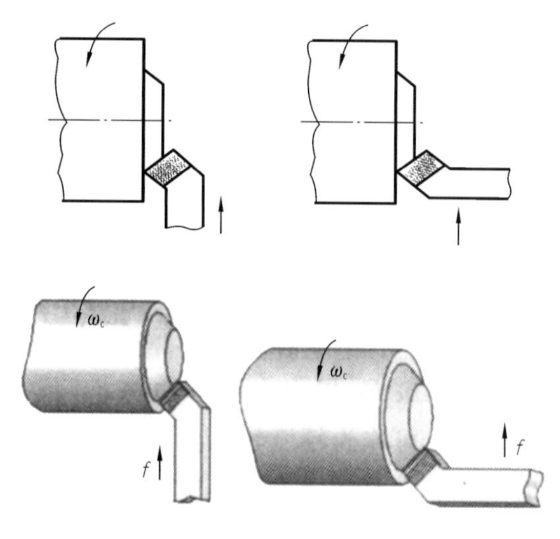


图 H202-4　45°偏刀车端面

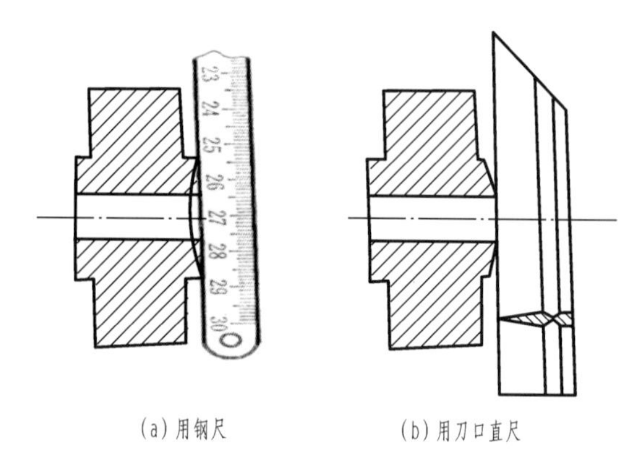


(a)用钢尺　　(b)用刀口直尺

图 H202-5　检查端面的平面度

2）外圆车刀的安装

在安装外圆车刀时，刀尖必须对准工件的旋转中心，否则在车外圆时，刀尖高于工件旋转中心会使车刀的实际后角减小，切削阻力增大。刀尖伸出长度一般为杆厚度的1～2倍。

3）外圆的车削步骤

车削轴类零件外圆表面的大致工艺顺序为：荒车→粗车→半精车→精车→精细车。在加工具体工件时，要根据零件精度要求来选择加工工序，不一定要经过全部的加工阶段。具体步骤如下。

(1) 把工件和车刀安装好，便可开动车床，使工件旋转。

(2) 摇动大拖板、中拖板手柄使车刀刀尖接触工件右端外圆表面。

(3) 不动中拖板手柄，摇动大拖板使车刀向尾座方向移动。

(4) 按选定的吃刀深度,摇动中拖板使车刀作横向进刀。

(5) 纵向车削工件 3~5 mm,摇动中拖板手柄,纵向退出车刀,停车测量工件。

(6) 在车削到需要长度时,即停止走刀,然后停车。

4) 外圆尺寸的控制方法

(1) 刻度盘的使用。

车削工件时,为了控制加工零件的尺寸,我们需要知道每次的进刀深度。通常情况下,我们利用中滑板或者小滑板上的刻度盘对进刀深度进行控制。床鞍刻度盘每逆时针转过 1 格,床鞍向左纵向进给 1 mm;中滑板刻度盘每顺时针转过 1 格,中滑板横向进给 0.05 mm;小滑板刻度盘每顺时针转过 1 格,小滑板向左纵向进给 0.05 mm。但是在使用刻度盘时,由于丝杠与螺母之间的配合存在间隙,会产生空行程,即刻度盘已转动而刀架并未同步移动,因此在使用刻度盘时,要先反向转动适当角度,消除配合间隙,再正向慢慢转动手柄,带动刻度盘转到所需的格数,如图 H202-6(a)所示。

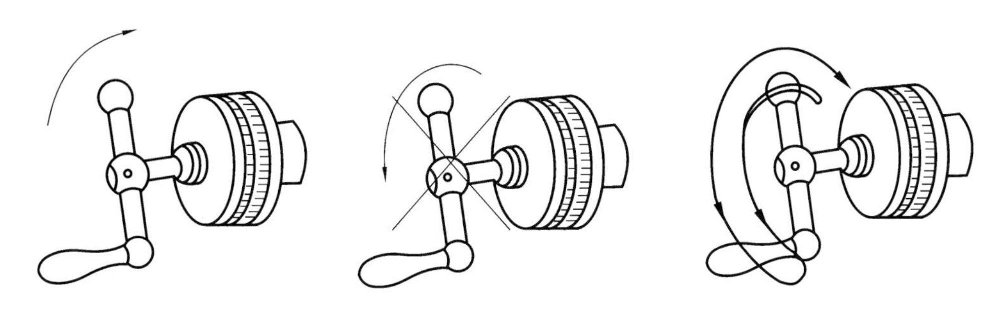

**图 H202-6 消除刻度盘空行程的方法**

如果刻度盘多转动了几格,绝不能像图 H202-6 中间图那样简单地退回,而必须向相反方向退回全部空行程(通常反向转动 1/2 圈)再转到所需要的刻度位置(见图 H202-6 右图)。

(2) 试切。

在精车外圆时,也常采用试切的方法来控制加工件的尺寸。其方法是:先按加工余量的一半左右作横向进给,当车刀在外圆上纵向切削 2 mm 左右的时候,再纵向快速推出车刀(此时横向不可以移动),然后停车测量。如尺寸已经符合要求,即可按照此横向进给进行切削;否则应测量出余量,再次横向进刀,即可车削(见图 H202-7)。

5) 外圆面检验

外圆表面的加工,一方面要保证零件图上要求的尺寸精度和表面粗糙度,另一方面还应保证形状和位置精度的要求。检查时,可采用钢尺、游标卡尺、千分尺或百分表等工具。

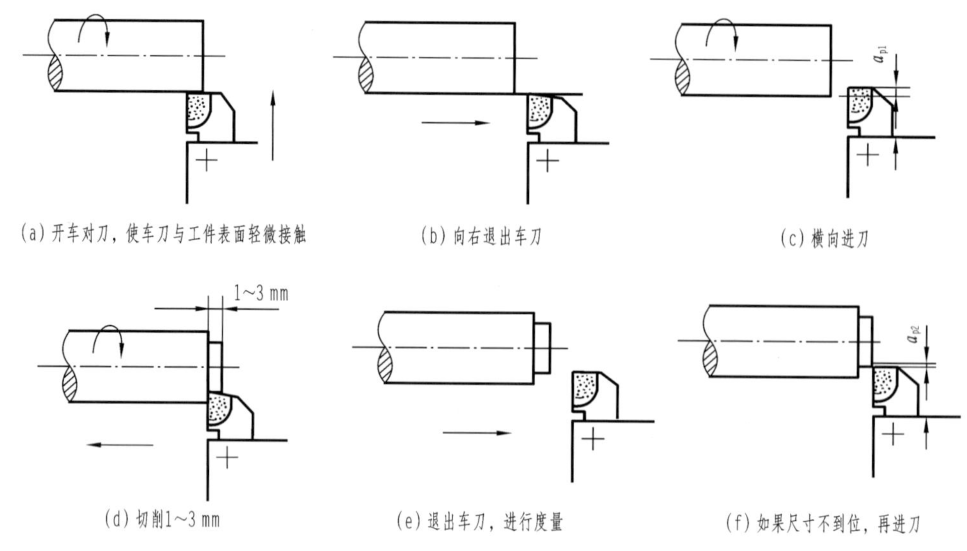


**图 H202-7　试切的方法与步骤**

(1) 用游标卡尺测外径。

测量前，使卡口宽度大于被测量尺寸，然后推动游标，使测量脚平面与被测量的直径垂直并接触，得到尺寸后把游标上的螺钉紧固，然后读数，如图 H202-8 所示。

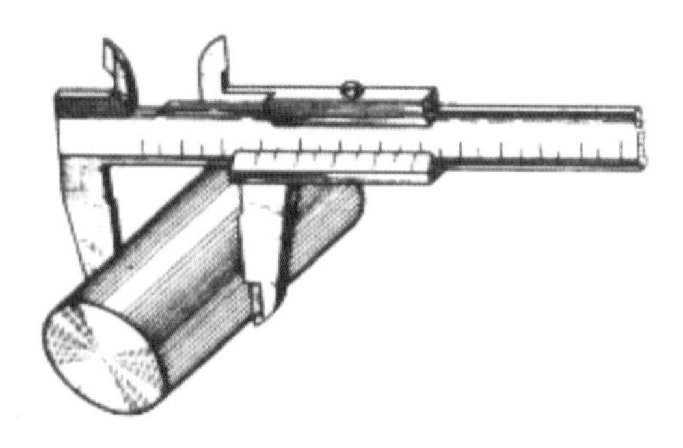

**图 H202-8　测量外径的方法**

(2) 用千分尺测外径。

测量时，工件放置于两测量面间，先直接转动微分筒。当测量面接近工件时，改用测力装置，直到发出"卡、卡"跳动声音，此时，应锁紧测微螺杆，进行读尺。

用千分尺测量小零件时，测量方法见图 H202-9(a)。

测量精密的零件时，为了防止千分尺受热变形，影响测量精度，可将千分尺装在固定架上测量，见图 H202-9(b)。

在车床上测量工件，必须先停车，测量方法见图 H202-9(c)。

在车床上测量大直径工件时，千分尺两个测量头应在水平位置上，并应垂直于工件

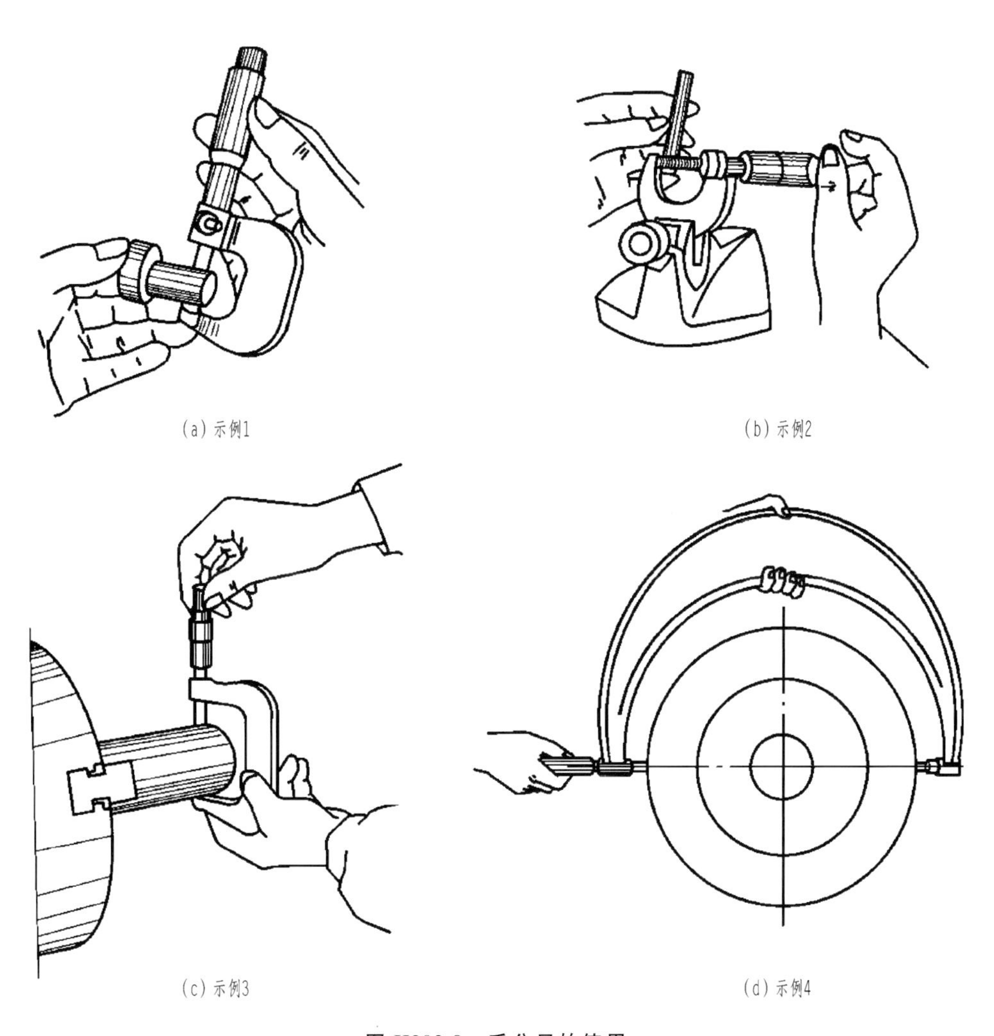


**图 H202-9　千分尺的使用**

轴线。测量时，左手握住尺架，右手转动测力装置，靠千分尺的自重在工件直径方向找出最大尺寸，见图 H202-9(d)。

(3) 外圆长度尺寸的检测。

外圆加工结束后，一般使用钢直尺、内卡钳、游标卡尺和深度游标卡尺来测量长度，对于批量大、精度较高的工件，可用样板测量，如图 H202-10 所示。

6) 检测注意事项

(1) 应按工件的尺寸和精度要求，选用合适的游标卡尺，适用中等公差等级 IT10～IT16。

(2) 使用前要对游标卡尺进行检查，擦净量爪，检查量爪测量面是否平直无损，尺身和游标的零线要对齐。

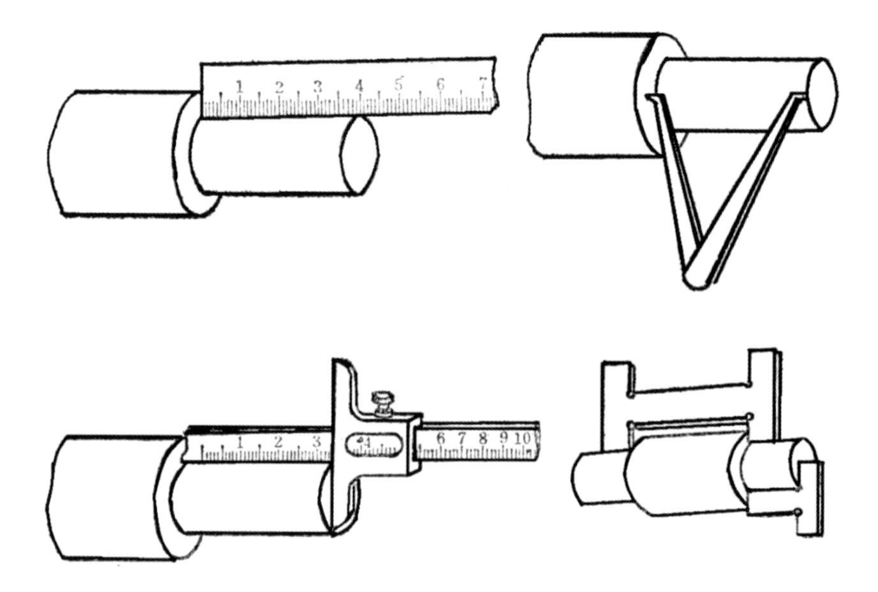

图 H202-10　外圆长度尺寸检测

（3）测量内径时，两测量爪应在孔的直径上，不能偏歪。

（4）测量外尺寸时，卡尺测量面连线应垂直于被测量表面，不能歪斜。

（5）读数时，游标卡尺置于水平位置，使人的视线尽可能与游标卡尺的刻度线表面垂直，以免视线歪斜造成读数误差。

## 链接知识 H403 外径和端面的车削方法

台阶轴工件是由几个直径大小不同的圆柱体连接在一起的工件，因为其形状看起来像台阶所以叫台阶轴工件(简称“台阶工件”)。台阶工件的车削，实际上就是外圆和平面车削的组合。故在车削时必须兼顾外圆的尺寸精度和台阶长度的要求。

### 1. 台阶工件一般的技术要求

台阶工件通常与其他零件结合使用，因此它的技术要求一般有：各个外圆之间的同轴度、外圆和台阶平面的垂直度、台阶平面的平面度等。

### 2. 刀具的选择与安装

在车削台阶轴时，我们通常选择使用90°外圆偏刀。车刀的装夹应根据粗车、精车的特点进行安装。如粗车时余量多，为了增加切削深度，减少刀尖压力，车刀装夹主偏角应小于90°(一般为85°～90°)，如图 H403-1(a)所示。精车时，为了保证台阶平面和轴心线垂直，主偏角应大于90°(一般为93°左右)，如图 H403-1(b)所示。

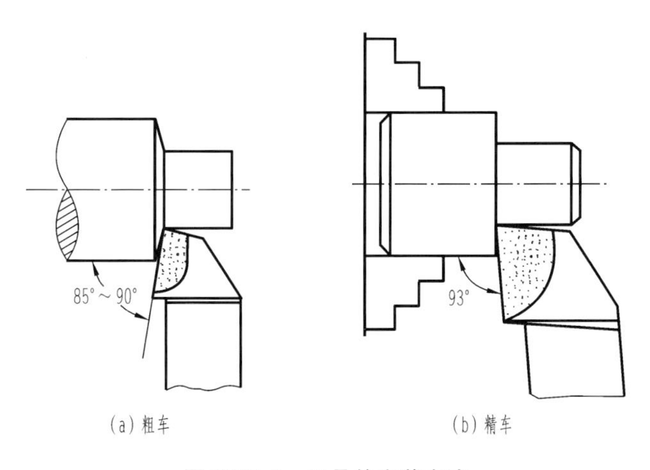


图 H403-1　刀具的安装方式

### 3. 车削台阶工件的方法

车削台阶工件，一般分粗车、精车进行。车削前根据台阶长度先用刀尖在工件表面刻线痕，然后按线痕进行粗车。粗车时，每挡台阶应留精车余量。精车台阶工件时，通常在机动进给至近台阶处时，以手动进给代替机动进给。当车至平面时，变纵向进给为横向进给，移动中滑板由里向外慢慢精车台阶平面，以确保台阶平面垂直于轴。

#### 4. 直径尺寸的控制方法

车削台阶工件时，直径尺寸的控制采用对刀——测量——进刀——切削的方法加以保证。

(1) 对刀，就是让刀尖沿轴向接触工件，纵向退出，轴向略进刀 0.6～0.8 mm 后，纵向切削，再纵向退出(中滑板不动或记下刻度)。

(2) 测量，就是用游标卡尺或千分尺测量刚才的切削部分。

(3) 进刀，就是将切削部分的测量值和图样要求进行比较后，用中滑板进刀(粗车时按 2～3 mm/刀；精车时按 0.6～0.8 mm/刀)。

(4) 切削，就是用机动/手动的方法进行纵向切削。

#### 5. 台阶长度的测量和控制方法

当粗车完毕时，台阶长度已基本符合要求。在精车外圆的同时，一起把台阶长度车准。测量方法通常为用钢直尺检查。当精度要求较高时，可用钢直尺、卡钳、游标深度尺、样板等进行测量，如图 H403-2 所示。

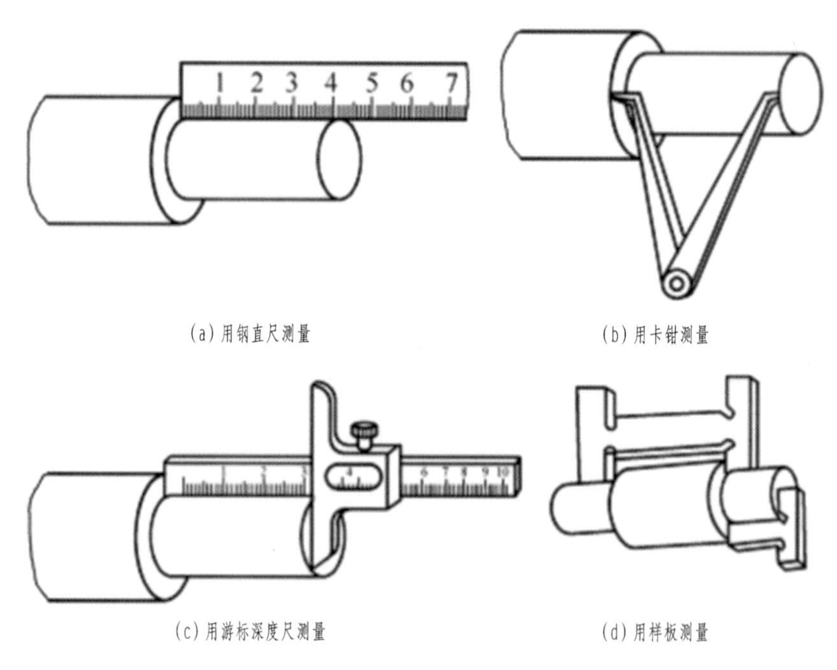


图 H403-2　台阶长度的测量方法

# 链接知识 H404 切槽、切断的车削方法

切槽使用切槽刀。切槽和车端面很相似。切槽刀如同右偏刀和左偏刀并在一起，可同时车左、右两个端面。

### 1. 切窄槽/宽槽

切窄槽时，主切削刃宽度等于槽宽，在横向进刀中一次切出。

切宽槽时，主切削刃宽度可小于槽宽，在横向进刀中分多次切出。切削 5 mm 以下窄槽，可令主切削刃和槽等宽，一次切出。先把槽的大部分余量切出，在槽的两侧和底部留出精车余量，最后一次横向进给粗车后，根据槽的尺寸精度一次走刀完成精车。切宽槽时可按照图 H404-1 中所示的方法切削。

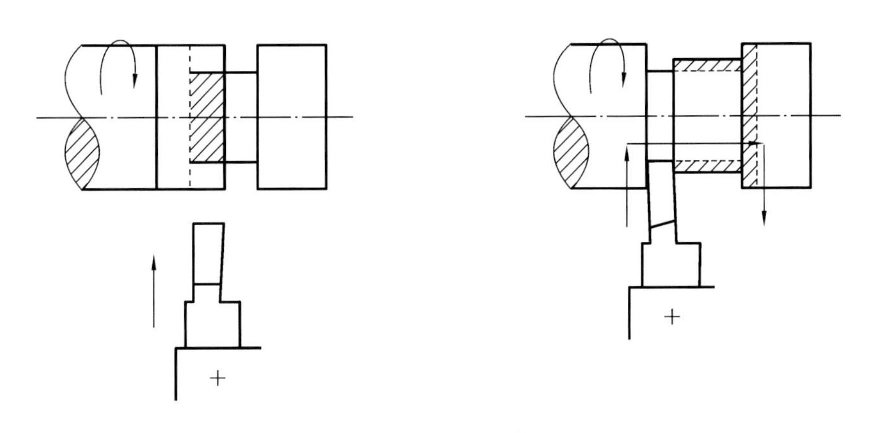

图 H404-1　切宽槽

### 2. 切直槽

在端面上切直槽时，切槽刀的一个刀尖 a 处的副后面要按端面槽圆弧的大小刃磨成圆弧形，并磨有一定的后角，可避免副后面与槽的圆弧相碰，如图 H404-2(a)所示。

### 3. 切 45°外沟槽

45°外沟槽车刀与一般端面沟槽车刀相同，刀尖 a 处的副后面应磨成相应的圆弧，如图 H404-2(b)所示。切削时，把小滑板转过 45°用小滑板进刀车削成形。

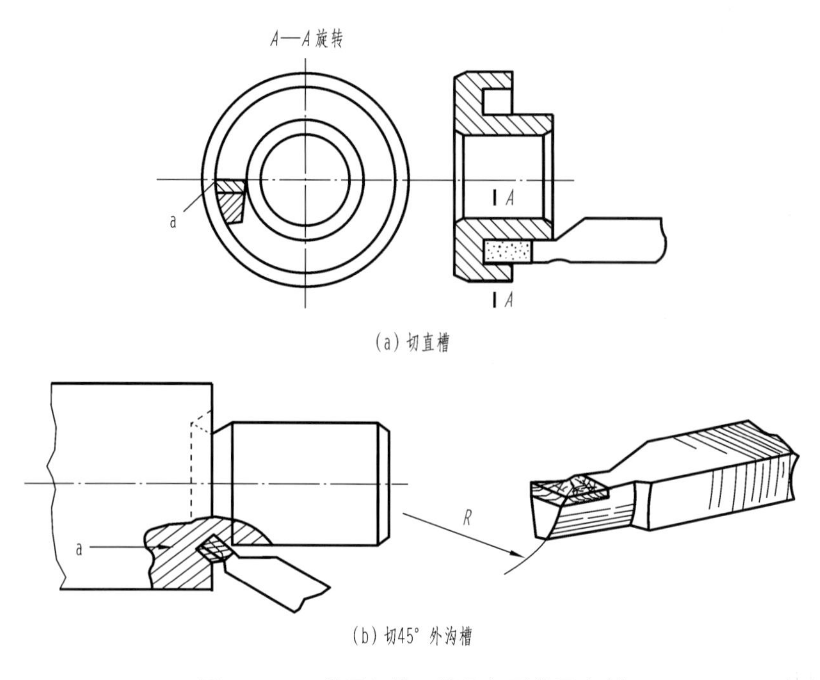


图 H404-2　端面切槽刀的几何形状及车削

# 附　　录

附表 1 《机械制图》知识点代码表

| 《机械制图》知识点代码 |
| --- |
| A1 制图的基本知识和技能 |
| A101 制图的基本规定 |
| A101.1 图纸幅面及格式 |
| A101.2 比例 |
| A101.3 字体 |
| A101.4 图线 |
| A101.5 常用绘图工具的使用 |
| A102 尺寸标注 |
| A102.1 基本规则 |
| A102.2 标注尺寸的要素 |
| A102.3 常见的尺寸注法 |
| A102.4 简化注法 |
| A103 几何作图 |
| A103.1 等分圆周和作正多边形 |
| A103.2 斜度和锥度 |
| A103.4 椭圆 |
| A103.5 圆弧连接 |
| A103.6 平面图形分析及作图方法 |
| A2 投影的基本知识 |
| A201 投影法的概念 |
| A202 三视图的形成与投影规律 |
| A203 点、直线、平面的投影 |
| A204 基本几何体 |
| A205 轴测图的基本知识 |
| A206 正等侧、斜二测轴测图及其画法 |
| A3 组合体 |
| A301 组合体的概念和分析方法 |
| A303 组合体的组合形式 |
| A303 组合体的表面交线 |
| A304 组合体视图的画法 |
| A304.1 叠加型组合体视图 |
| A304.2 切割型组合体视图 |
| A304.3 综合型组合体视图 |
| A305 组合体的尺寸标注 |
| A4 图样的基本表示法 |
| A401 视图 |
| A402 剖视图 |
| A402.1 剖视图的形成 |
| A402.2 剖切面的画法 |
| A402.3 剖视图的标注及配置 |
| A402.4 全剖视图的概念及选用 |
| A403 断面图 |
| A5 常用零件的特殊表达方法 |
| A501 螺纹 |
| A501.1 螺纹的形成 |
| A501.2 螺纹的基本要素 |
| A501.3 普通螺纹的标准 |
| A502 螺纹紧固件及其连接画法 |
| A502.1 垫圈的选用方法 |
| A502.2 垫圈的画法 |
| A502.3 螺栓连接画法 |
| A502.4 双头螺柱连接画法 |
| A503 键联结和销联结 |
| A503.1 键联结 |
| A503.2 销联结 |
| A504 齿轮 |
| A504.1 齿轮轴的测绘 |
| A505 弹簧 |
| A505.1 螺纹的规定画法 |
| A505.4 螺纹的标注方法 |
| A6 零件图 |
| A601 零件图概述 |

续表

| | |
|---|---|
| A602 零件图的视图选择 | A703 装配图的视图选择 |
| A603 零件图的尺寸标注 | A704 装配图的尺寸标注 |
| A604 零件图上的技术要求 | A705 装配图的零件序号和明细栏 |
| A605 零件图的工艺结构 | A706 装配图的绘制 |
| A606 看零件图 | A707 常见装配结构 |
| A607 简单零件图的绘制 | A708 部件测绘 |
| A7 装配图 | A709 装配图的读图方法和步骤 |
| A701 装配图的内容 | A710 由装配图拆画零件图 |
| A702 装配图的视图表达方法 | |

附表2 《机械基础常识》知识点代码表

| | |
|---|---|
| B1 机械概述 | B503 齿轮系的应用 |
| B101 机器的组成及其基本要求 | B504 减速器及应用 |
| B102 机械零件的强度 | B6 平面连杆机构 |
| B103 摩擦、磨损和润滑 | B601 平面四杆机构组成及类型 |
| B2 联接 | B602 平面四杆机构的基本特性 |
| B201 键联接 | B603 构件和运动副的结构 |
| B202 销联接 | B7 凸轮机构 |
| B203 螺纹联接及螺纹传动 | B701 凸轮机构的应用 |
| B203.1 螺纹连接的预紧和防松 | B702 凸轮机构的基本特性 |
| B204 联轴器和离合器 | B8 支承零部件 |
| B3 带传动 | B801 轴 |
| B301 带传动的类型、特点和应用 | B801.1 轴的用途和分类 |
| B302V 带和 V 带轮 | B801.2 轴的结构 |
| B303 同步齿形带 | B802 轴承 |
| B4 齿轮传动 | B802.1 滚动轴承的结构和类型 |
| B401 齿轮传动的特点和分类 | B802.2 滚动轴承的代号 |
| B402 渐开线直齿圆柱齿轮 | B802.3 滚动轴承润滑、密封 |
| B402.1 齿轮的结构形式 | B802.4 滚动轴承的画法 |
| B403 斜齿圆柱齿轮 | B9 通用机床机械结构 |
| B404 蜗轮蜗杆 | B901 普通车床 |
| B405 齿轮传动的维护 | B902 普通铣床 |
| B5 齿轮系 | B903 普通刨床 |
| B501 定轴齿轮系的传动比 | B904 普通钻床 |
| B502 行星齿轮系的传动比 | B905 普通磨床 |

附表 3 《零件测量与质量控制技术》知识点代码表

| | |
|---|---|
| C1 极限与配合 | C4 常用测量工量器具 |
| C101 零件互换性术语及其定义 | C401 游标卡尺、内外径千分尺、百分表、量块、角度量具、极限量具的应用 |
| C102 标准公差和基本偏差 | |
| C103 公差代号与极限偏差的确定 | C401.1 钢直尺 |
| C104 配合与配合种类 | C401.2 游标卡尺 |
| C105 基孔制与基轴制 | C401.3 高度游标卡尺 |
| C106 一般公差—线性尺寸的未注公差 | C401.4 深度游标卡尺 |
| C2 几何公差 | C401.5 外径千分尺 |
| C201 几何要素的分类、定义 | C401.6 内径千分尺 |
| C202 几何公差基本要求和标注方法 | C401.7 百分表、千分表 |
| C202.1 几何公差被测要素的标注 | C401.8 游标万能角度尺 |
| C202.2 几何公差基准要素的标注 | C401.9 直角尺 |
| C202.3 形状公差 | C401.10 半径样板 |
| C202.4 方向公差 | C401.11 量块 |
| C202.5 位置公差 | C401.12 塞尺 |
| C202.6 跳动公差 | C401.13 塞规和环规 |
| C203 几何公差的公差原则 | C5 精密测量仪器 |
| C3 表面结构及其评定参数和图样标注 | C501 三坐标测量仪、激光干涉仪光学合像水平仪 |
| C301 表面结构及其评定参数 | |
| C302 表面结构的图样标注 | |

附表 4 《机械工程材料》知识点代码表

| | |
|---|---|
| D1 金属的基本知识 | D202.1 金属材料退火 |
| D101 金属材料的主要性能 | D202.2 金属材料淬火 |
| D101.1 金属材料分类 | D203 钢的表面热处理 |
| D101.2 金属材料硬度 | D3 金属材料 |
| D102 金属与合金的结构和结晶 | D301 碳钢 |
| D103 铁碳合金相图 | D302 合金钢 |
| D2 钢的热处理 | D303 铸铁 |
| D201 钢的热处理基本原理 | D304 有色金属 |
| D202 钢的普通热处理 | |

## 附表5 《机械加工工艺基础》知识点代码表

| | |
|---|---|
| E1 金属切削加工基础知识 | E303 零件的工艺分析及工艺审查 |
| E101 金属切削加工基本概念 | E304 毛坯的选择 |
| E102 切削运动与切削用量 | E305 定位基准的选择 |
| E103 刀具切削部分的几何角度 | E306 工艺路线的拟定 |
| E104 常用的刀具材料 | E307 工序尺寸及公差带的分布 |
| E105 切削力、切削热与切削温度 | E308 工艺尺寸链的计算 |
| E106 刀具磨损 | E309 设备与工艺装备的选择 |
| E107 刀具几何参数的合理选择 | E310 典型零件的加工工艺分析 |
| E108 切削用量的合理选择 | E4 工件的定位与夹紧 |
| E2 典型加工方法 | E401 工件的定位原则 |
| E201 内外圆表面加工方法 | E402 常用的定位方法及定位元件 |
| E202 孔加工方法 | E403 工件的夹紧 |
| E203 平面加工方法 | E404 典型夹紧机构 |
| E204 成形表面加工方法 | E5 机械加工质量分析 |
| E3 机械加工工艺规程 | E501 工艺系统对加工精度的影响 |
| E301 基本概念 | E502 提高加工精度、表面质量和生产效率的措施 |
| E302 工艺规程制定的原则和步骤 | |

## 附表6 《手工制作》知识点代码表

| | |
|---|---|
| F1 入门知识 | F101.6 孔加工工具 |
| F5 孔的加工和螺纹加工 | F506 丝锥和板牙的使用方法和注意事项 |
| F101 钳工常用设备和常用工量具 | F102 了解实训相关的规章制度和文明生产要求 |
| F501 钻孔设备和钻孔工具 | F506.1 螺纹底孔直径的确定 |
| F101.1 台虎钳 | F2 平面划线 |
| F502 钻花的刃磨安装 | F506.2 攻螺纹的方法 |
| F101.2 钳台 | F201 划线工具 |
| F503 钻孔的方法和注意事项 | F6 锉配 |
| F101.3 砂轮机 | F201.1 划针 |
| F504 铰孔的方法和注意事项 | F601 锉削配合的概念 |
| F101.4 钻床 | F201.2 划规 |
| F505 丝锥和板牙的作用和规格 | F602 锉配工艺 |
| F101.5 钳工各类工具 | F201.3 单脚规 |
| F505.1 攻螺纹的工具 | F603 各种工具的应用 |

续表

| | |
|---|---|
| F201.4 划线平板 | F3 锯削 |
| F604 锉配的方法和注意事项 | F301 锯削工具 |
| F201.5 样冲 | F302 锯削方法和注意事项 |
| F201.6 支承工具 | F302.1 基本锯削方法 |
| F202 划线方法 | F303 常见材料的锯削方法 |
| F202.1 钢直尺划线 | F4 锉削 |
| F202.2 直角尺划线 | F401 锉削工具 |
| F202.3 划规划线 | F401.1 锉刀 |
| F202.4 打样冲眼 | F402 锉削方法和注意事项 |
| F203 划线注意事项 | F402.1 基本锉削方法 |
| F204 划线的线形保持 | F402.2 曲面锉削方法 |

附表 7 《机械拆装(部件)》知识点代码表

| | |
|---|---|
| G1 机械拆装的基本知识 | G2 常用零部件的拆装 |
| G101 机械拆卸前的准备工作 | G201 螺纹紧固件的拆装 |
| G102 机械拆卸的顺序及注意事项 | G202 键、销连接件的拆装 |
| G103 机械拆卸的常用方法 | G203 轴承的拆装 |
| G104 装配工艺规程概述 | G204 联轴器的拆装 |
| G105 装配前的准备工作 | G3 典型部件拆装 |
| G106 常用机械拆装及检测工具 | G301 能正确拆卸、清洗、装配典型部件 |
| G107 机械连接方式 | G302 掌握典型部件中相对运动机构间的运动间隙的调整方法和间隙量的确认 |
| G108 常用拆装工具 | |
| G109 拆装后的质量检验 | G4 减速器拆装 |
| G110 机械拆装实习室安全制度 | G401 认识减速器 |
| G111 机械拆装实习守则 | G402 组装减速器 |
| G112 机械拆装操作安全须知 | |

附表 8 《普通车削加工技术》知识点代码表

| | |
|---|---|
| H1 普通车工实训车间准则 | H2 认识普通车床及普通车加工基本知识 |
| H8 车削内外圆锥面 | H803 宽刃刀车削法车削圆锥面 |
| H101 普通车床安全操作规程 | H201 普通车床的结构 |
| H801 转动小滑板法车削圆锥面 | H804 内外圆锥面的检测及质量分析方法 |
| H101 普通车床行业规范、标准 | H202 普通车床的基本操作 |
| H802 偏移尾座法车削圆锥面 | H9 内外圆锥面课题练习 |

续表

| | |
|---|---|
| H203 普通车床的日常维护和保养<br>H901 按图纸要求完成零件的加工和检测 | H405 切削过程、切削力、切削热和切削温度的含义 |
| H204 普通车加工原理、基本术语、定义、加工范围和类型 | H1204 螺纹的加工技巧和切削参数<br>H406 刀具的磨损和磨损限度的含义 |
| H10 车削成型面及表面修饰 | H1205 螺纹的检测、质量分析方法 |
| H3 普通车加工相关知识 | H407 刀具的刃磨方法 |
| H1001 滚花刀的使用 | H13 内外螺纹课题练习 |
| H301 普通车床通用夹具的使用方法及特点 | H408 轴类零件的加工及检测 |
| H1002 双手控制法车削成型面 | H1301 按图纸要求完成零件的加工和检测 |
| H302 普通车刀的选择及使用方法 | H5 阶梯轴课题练习 |
| H1003 双手控制法修光成型面 | H14 中级工课题训练一 |
| H303 量具的选择及使用方法 | H501 按图纸要求完成零件的加工和检测 |
| H1004 成型面的检测 | H1401 按图纸要求完成零件的加工和检测 |
| H304 其他辅具的使用方法 | H6 车削套类零件 |
| H11 成型面课题练习 | H15 中级工课题训练二 |
| H4 车削阶梯轴零件 | H601 尾座的使用 |
| H1101 按图纸要求完成零件的加工和检测 | H1501 按图纸要求完成零件的加工和检测 |
| H401 金属切削基本原理 | H602 钻孔和铰孔 |
| H12 内外螺纹加工 | H16 中级工课题训练三 |
| H402 手动进给和机动进给的操作方法 | H603 内孔的车削方法 |
| H1201 螺纹的相关知识 | H1601 按图纸要求完成零件的加工和检测 |
| H403 外径和端面的车削方法 | H604 钻花、内孔车刀的刃磨方法 |
| H1202 螺纹的计算方法 | H605 套类零件的加工及检测 |
| H404 切槽、切断的车削方法 | H7 套类零件课题练习 |
| H1203 螺纹刀的选着和刃磨方法 | H701 按图纸要求完成零件的加工和检测 |

附表 9 《数控车床编程与加工技术》知识点代码表

| | |
|---|---|
| I1 数控车床的认识与基本操作 | I1103 封闭车削复合循环指令 G73 |
| I11 复合循环的程序编制 | I104 数控车床的手动操作 |
| I101 数控车床的认识 | I12 刀尖圆弧半径补偿的程序编制 |
| I1101 内外径粗车复合循环指令 G71 | I105 数控车床的对刀 |
| I102 数控车床控制面板的认识 | I1201 建立刀尖圆弧半斤补偿指令 G41、G42 |
| I1102 端面粗车复合循环指令 G72 | I2 简单零件的工艺分析 |
| I103 数控车床坐标系的建立 | I1202 取消刀尖圆弧半径补偿指令 G40 |

续表

| I201 工艺路线的确定 | I504 直接机床坐标系编程 G53 |
| --- | --- |
| I13 螺纹车削的程序编制 | I1601 数控车床日常维护的基本知识 |
| I202 工件的装夹 | I505 直径和半径方式编程 G36、G37 |
| I1301 螺纹相关知识及计算 | I1602 工量具的保养 |
| I203 数控车刀的选着 | I6 直线插补的程序编制 |
| I1302 螺纹车削指令 G32 | I1603 刀具、夹具的保养 |
| I204 切削用量的选着 | I601 快速定位指令 G00 |
| I1303 螺纹车削简单循环指令 G82 | I1604、数控车床安全操作规程 |
| I205 工艺卡片的填写 | I602 直线插补 G01 指令 |
| I1304 螺纹车削复合循环指令 G76 | I17 综合加工任务一 |
| I3 数控车削程序编制基础知识 | I603 直线倒角 G01 指令 |
| I14 程序的输入、编辑与校验 | I1701 运用工艺知识制定加工工艺 |
| I301 数控程序结构 | I7 简单轴类零件的编程练习 |
| I1401 数控系统操作面板的认识 | I1702 运用编程指令进行程序编制 |
| I302 辅助功能 M 代码 | I701 按图纸要求完成零件程序的编制 |
| I1402 程序的输入 | I1703 零件的检测与质量分析 |
| I303 主轴功能 S、进给功能 F 和刀具功能 T 代码 | I8 圆弧插补的程序编制 |
| I1403 零件程序的编辑 | I18 综合加工任务二 |
| I4 不同单位设定的程序编制 | I801 圆弧插补指令 G02、G03 |
| I1404 零件程序的校验 | I1801 运用工艺知识制定加工工艺 |
| I401 尺寸单位选择 G20、G21 | I802 圆弧倒角指令 G02、G03 |
| I15 零件的加工与检测 | I1802 运用编程指令进行程序编制 |
| I402 进给速度单位的设定 G94、G95 | I9 简单弧面零件的编程练习 |
| I1501 刀具的安装与对刀 | I1803 零件的检测与质量分析 |
| I5 有关坐标系和坐标的程序编制 | I901 按图纸要求完成零件程序的编制 |
| I1502 毛坯的装夹 | I19 综合加工任务三 |
| I501 绝对编程与增量编程 G90、G91 | I10 简单循环的程序编制 |
| I1503 数控车床自动加工 | I1901 运用工艺知识制定加工工艺 |
| I502 坐标系设定 G92 | I1001 内外径简单循环指令 G80 |
| I1504 零件的检测与质量分析 | I1902 运用编程指令进行程序编制 |
| I503 坐标系选择 G54-G59 | I1002 端面简单循环指令 G81 |
| I16 数控车床、工量具、刀具、夹具维护保养 | I1903 零件的检测与质量分析 |

## 附表10 《数控铣床编程与加工技术》知识点代码表

| | |
|---|---|
| J1 数控铣床简介及安全文明生产 | J301 数控铣削基本编程知识 |
| J7 孔和孔系编程与加工 | J302 数控仿真软件的使用 |
| J101 数控铣床工艺范围、主要组成、主轴单元结构、伺服进给系统传动结构和主要部件 | J4 平面零件编程与加工 |
| J701 孔加工循环指令的应用 | J401 平面零件的加工工艺路线、切削用量的确定 |
| J102 数控铣床/加工中心的行业规范、标准 | J402 工艺文件的编制 |
| J702 孔加工刀具的选择、切削用量 | J403 工件坐标系的选择、基点坐标的计算 |
| J103 数控铣床安全操作规程 | J404 铣削刀具的选择 |
| J703 孔系的加工方法 | J405 平面零件的手工编程、对刀、工件坐标系的设置及工件的装夹、加工 J5 外形轮廓的编程与加工 |
| J2 数控铣削加工入门及面板操作 | J501 零件外轮廓的加工工艺路线、切削用量的确定 |
| J704 零件的程序编制、对刀、工件坐标系的设置及工件的装夹、加工、检测 | J502 工艺文件的编制 |
| J201 数控铣床控制面板的使用 | J503 工件坐标系的选择、基点坐标的计算 |
| J8 配合零件的编程与加工 | J504 铣削刀具的选择 |
| J202 对刀和坐标系的设置 | J505 零件的程序编制、刀补设置 |
| J801 零件加工工艺路线、装夹方案、切削用量的确定 | J506 零件的对刀、工件坐标系的设置及工件的装夹、加工、检测 |
| J203 刀补设置 | J6 沟槽和内轮廓编程与加工 |
| J802 编制简单加工工艺文件的流程和方法 | J601 零件加工工艺路线、切削用量的确定 |
| J204 工件安装找正操作 | J602 封闭沟槽和内腔的下刀和加工方法 |
| J803 零件加工质量检测和控制方法 | J603 开放沟槽和内腔的下刀和加工方法 |
| J205 数控机床日常维护和简单故障处理 | J604 铣削刀具的选择 |
| J804 加工零件的去毛刺、防锈等加工后处理工艺的方法 | J605 铣削方式和刀补方向的确定 |
| J3 数控铣削编程基础知识 | J606 零件的程序编制、对刀、工件坐标系的设置及工件的装夹、加工、检测 |

## 附表11 《CADCAM软件应用(中望)》知识点代码表

| | |
|---|---|
| K1 中望3D2022基础 | K103 自定义操作 |
| K802 钻孔 | K803 三维快速铣削 |
| K101 基本界面 | K104 管理器 |
| K802.1 中心钻 | K803.1 Volumill3X(动态开粗) |
| K102 对象操作 | K105 查询功能 |
| K802.2 啄钻 | K803.2 平坦面加工 |

续表

| K2 线框 | K5 装配设计 |
|---|---|
| K804 二维铣削 | K501 装配管理 |
| K201 曲线绘制 | K502 组件装配 |
| K804.1 轮廓 | K503 装配工具 |
| K202 曲线编辑 | K504 装配动画 |
| K804.2 螺旋 | K6 工程图 |
| K203 曲线操作 | K601 工程图基础 |
| K804.3 倒角 | K602 视图布局 |
| K3 草图 | K603 剖视图 |
| K805 实体仿真 | K604 工程图实例 |
| K301 草图绘制 | K7 综合建模与装配练习图样 |
| K806 添加坐标 | K701 坚果夹 |
| K302 草图控制 | K702 桌面虎钳 |
| K807 编辑后处理 | K703 万向节 |
| K303 草图操作 | K704 磨 |
| K808 程序的输出 | K705 垂直斯特林发动机 |
| K4 实体建模 | K706 气动抽水机 |
| K401 基础造型 | K707 齿轮螺旋机构 |
| K402 特征操作 | K708 齿轮传动式偏心滑块机构 |
| K403 基础编辑 | K8 加工模块 |
| K404 基准面 | K801 中望加工模块的设置 |
| K405 实体建模实例 | |

附表 12 《特种加工技术(电火花、线切割)》知识点代码表(高职)

| L1 电加工机床认识 | L302 电火花加工中的一些基本工艺规律 |
|---|---|
| L101 电火花加工机床及加工介绍 | L303 电火花加工的脉冲电源及电规准调节 |
| L102 电火花线切割机床及加工介绍 | L304 电火花加工的自动进给调节系统 |
| L103 电火花产生的原理简介 | L305 电火花加工机床 |
| L2 电火花线切割加工 | L306 影响电火花成形加工工艺指标的因素 |
| L201 电火花线切割加工原理、特点及应用范围 | L4 电火花加工文安全文明生产 |
| L202 电火花线切割加工设备 | L401 准备加工时的检查事项 |
| L203 电火花线切割控制系统和编程技术 | L402 加工中的检查事项 |
| L204 影响电火花线切割工艺指标的因素 | L403 电火花加工的安全技术规程 |
| L3 电火花成形加工 | L404 电火花机床的安全操作规程 |
| L301 电火花加工的基本原理及其分类 | L405 电火花机床的维护和保养 |

附表 13 《普通铣削加工技术》知识点代码表

| | |
|---|---|
| M1 铣削加工基础知识 | M302 铰刀用途，铰孔操作方法 |
| M101 普通铣床的分类及日常维护常识 | M303 安全文明生产的操作规程 |
| M102 普通铣床的基本操作 | M4 压板零件的铣削加工 |
| M103 铣刀的种类和铣刀的结构 | M401 压板各平面、台阶面、角度面、孔的铣削加工 |
| M104 工件的装夹 | |
| M105 常用量具的使用方法 | M402 安全文明生产的操作规程 |
| M106 安全文明生产的操作规程 | M5 定位 V 型铁的铣削加工 |
| M2 常规铣削方法和技巧 | M501 V 型铁各平面的铣削加工 |
| M201 铣削平面的方法 | M502 V 型槽的铣削加工 |
| M202 长方体工件铣削工艺及铣削工步步骤 | M503 掌握机床安全操作规程 |
| M203 铣削台阶面的方法和刀具的对刀方法 | M6 T 型底座的铣削加工 |
| M204 键槽加工的对刀方法和操作方法 | M601 直角面的铣削加工 |
| M205 安全文明生产的操作规程 | M602 T 型台阶面的铣削加工 |
| M3 铣床上孔的加工 | M603 掌握机床安全操作规程 |
| M301 钻花的角度，钻孔的操作方法 | |

附表 14 《电工基础》知识点代码表(高职)

| | |
|---|---|
| N1 安全用电常识 | N404 三相交流电路 |
| N101 电气危害概述 | N405 串联电路 |
| N102 触电的保护与急救 | N5 电容与电感 |
| N103 电气火灾的防护与处理 | N501 常见电容器 |
| N104 电气安全规范常识 | N502 电容器的种类 |
| N2 电工工具与电工材料常识 | N503 电容元件参数 |
| N201 常用电工工具及其使用常识 | N504 常见电感器 |
| N202 常用电工材料基础常识 | N505 电感器元件参数 |
| N203 常用电工材料的选用技术 | N6 电气控制图识读基础 |
| N3 直流电路基础知识 | N601 电气控制图样的相关规定与国家标准简介 |
| N301 电流、电压、电动势的基本概念 | N602 电气控制图样识读基础 |
| N302 电阻的概念和电阻与温度的关系 | N603 典型机床电气控制图识读技巧 |
| N303. 欧姆定律的定义 | N7 电工仪表与测量技术 |
| N304 电能和电功率的概念 | N701 常用电工仪表和电工元件的使用技术常识 |
| N305 焦耳定律、电能和电功率的概念 | N702 主要电量的测量技术常识 |
| N4 正弦交流电路基本知识 | N703 电工测量典型实例 |
| N401 正弦交流电的三要素 | N8 设备常见电气故障的处理 |
| N402 纯电阻、纯电感、纯电容电路的规律 | N801 设备常见电气故障的种类与特点 |
| N403 有功功率、无功功率和视在功率的物理概率 | N802 处理电气故障的一般方法步骤 |

附表 15 《数控机床维护常识》知识点代码表(高职)

| O1 数控机床概述 | O303 数控机床电气控制逻辑表示 |
| --- | --- |
| O101 数控机床历史 | O304 组成电气控制线路的基本规律 |
| O102 数控机床的基本结构及工作原理 | O305 液压、气动基本知识 |
| O103 数控机床的分类 | O4 数控机床安装调试及验收 |
| O104 数控机床的特点及应用范围 | O401 安装数控机床前期准备工作 |
| O2 数控机床的机械结构 | O402 安装数控设备 |
| O201 数控机床机械结构的组成与要求 | O403 调试数控机床 |
| O202 数控机床主轴传动系统的结构 | O404 验收数控机床 |
| O203 数控机床进给传动系统的结构 | O5 数控机床维护 |
| O204 自动换刀装置 | O501 数控机床日常维的基本知识 |
| O205 数控电加工机床 | O502 数控机床机械部的维护 |
| O3 数控机床电气控制基础 | O503 数控系统的维护 |
| O301 数控机床常用控制电器及选择 | O504 伺服系统的维护 |
| O302 数控机床电气原理图的画法规则 | |

附表 16 《班组管理》知识点代码表(高职)

| P1 班组生产管理 | P204 规范自动化运行维护人员的作业行为 |
| --- | --- |
| P101 班前计划(计划与目标管理) | P205 制定年度自动化设备检修计划 |
| P102 班中控制 | P206 安全量化管理工作 |
| P103 班后总结 | P207 如何做好生产安全管理考核 |
| P2 如何做好生产安全管理 | P3 班组设备与工具管理 |
| P201 安全事故的原因分析 | P301 班组设备的日常“三级保养” |
| P202 安全管理措施的落实 | P302 班组日常工具管理 |
| P203 做好安全日常管理工作 | |

# 参考文献


[1] 钱可强. 机械制图[M]. 2 版. 北京：高等教育出版社，2017.

[2] 崔陵，娄海滨机械识图[M]. 2 版. 北京：高等教育出版社，2014.

[3] 人力资源社会保障部教材办公室. 极限配合与技术测量基础[M]. 5 版. 北京：中国劳动和社会保障出版社，2014.

[4] 崔陵，娄海滨. 零件测量与质量控制技术[M]. 2 版. 北京：高等教育出版社，2014.

[5] 汪哲能. 钳工工艺与技能训练[M]. 3 版. 北京：机械工业出版社，2019.